AF249629

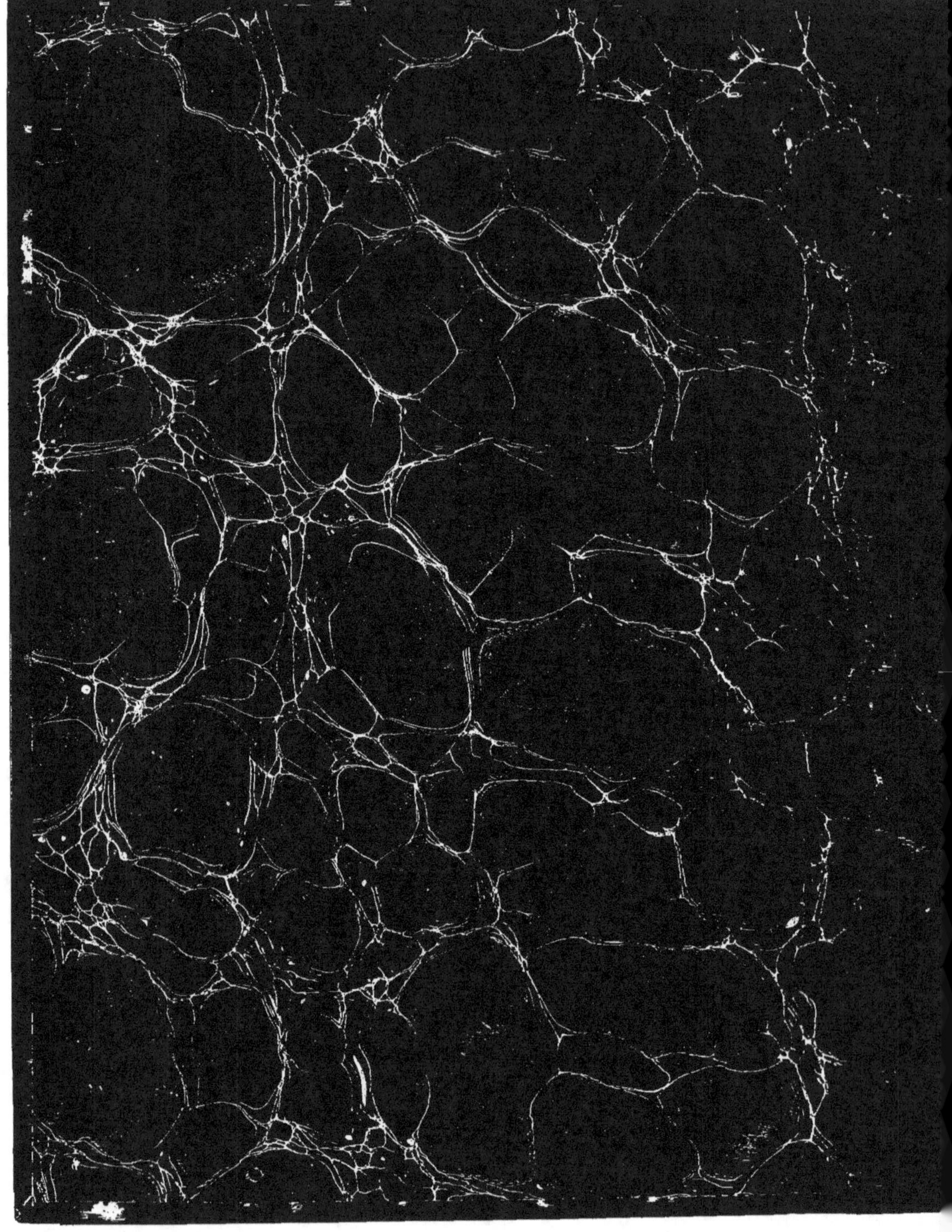

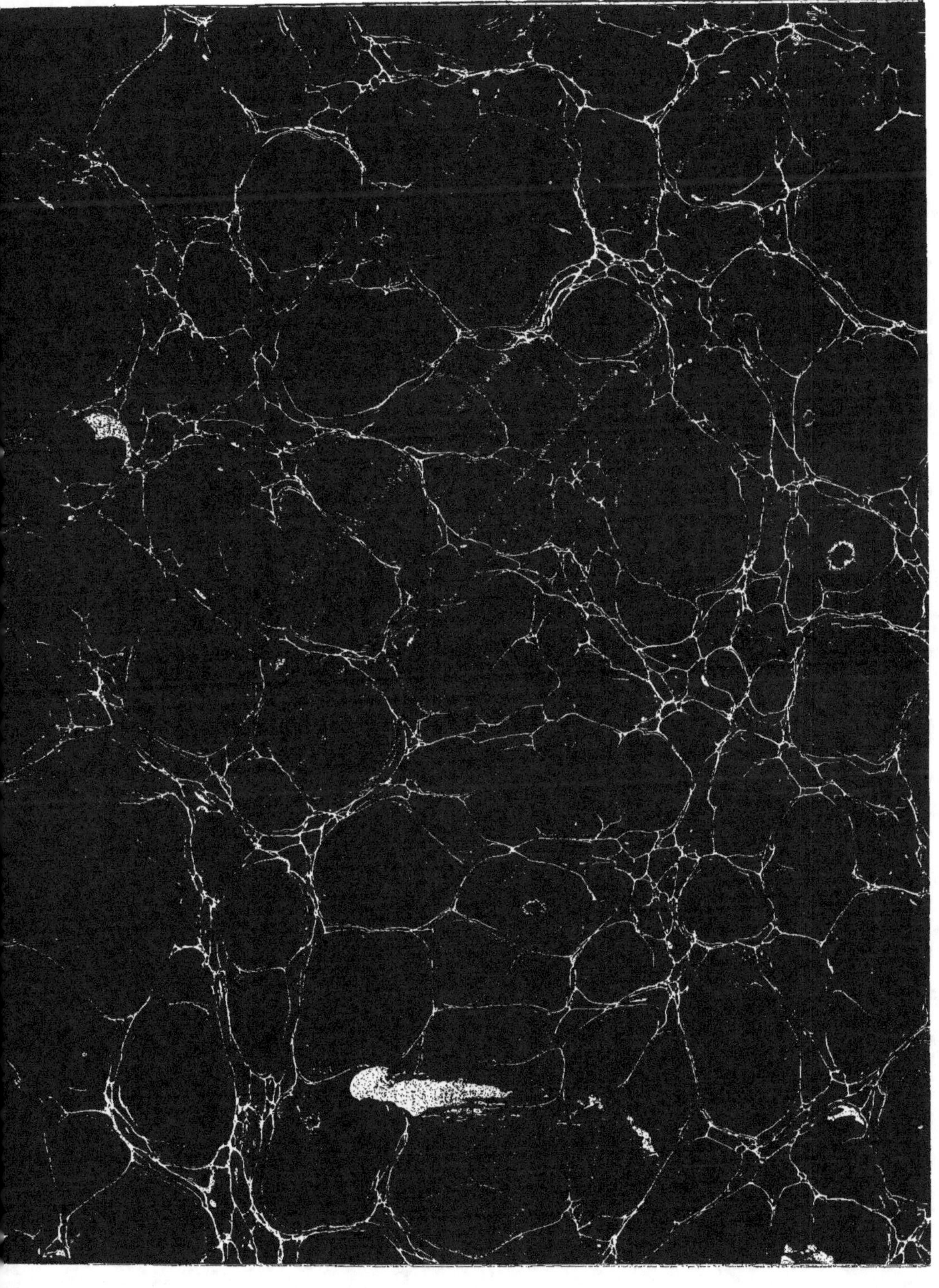

15811

ÉTUDES

RELATIVES

A L'ÉTABLISSEMENT D'UN CHEMIN DE FER

ENTRE

MULHOUSE ET DIJON,

EN PASSANT PAR LE DÉPARTEMENT DE LA HAUTE-SAÔNE,

FAITES

A LA DEMANDE DE LA SOCIÉTÉ INDUSTRIELLE DE MULHOUSE,

PAR MM. LE GROM ET FRÉCOT,

INGÉNIEURS DES PONTS ET CHAUSSÉES.

ÉTUDES

RELATIVES A L'ÉTABLISSEMENT D'UN CHEMIN DE FER

ENTRE

MULHOUSE ET DIJON,

EN PASSANT PAR LE DÉPARTEMENT DE LA HAUTE-SAÔNE,

FAITES

A LA DEMANDE DE LA SOCIÉTÉ INDUSTRIELLE DE MULHOUSE,

PAR MM. LE GROM ET FRÉCOT,

INGÉNIEURS DES PONTS ET CHAUSSÉES.

CHAPITRE PREMIER.

Exposé général.

L'idée de réunir par un chemin de fer les villes de Mulhouse et de Dijon n'est pas nouvelle. Dès 1831, à l'occasion de la crise qui venait de frapper d'une manière si funeste l'essor du mouvement commercial, la société industrielle de Mulhouse, gardienne vigilante des intérêts qu'elle représente, exprima le désir de voir le Haut-Rhin uni à Paris et à Lyon par un chemin de fer passant par Dijon. Cette opinion fut puissamment motivée dans un rapport du comité du commerce de la société.

La réaction qui pesait sur l'industrie et sur le commerce, ne permit pas dès lors à la société industrielle de Mulhouse de manifester autre chose que ses vives sympathies en faveur d'une entreprise si éminemment utile.

Cependant en 1833 le Gouvernement fut autorisé à étudier les principales lignes de chemins de fer, dont l'ensemble pût satisfaire aux convenances politiques et commerciales de la France. Dans ce vaste réseau figuraient les lignes

de *Paris à Lyon et à Marseille*,

de *Paris à Strasbourg.*

Au mois de juillet 1833, la chambre de commerce de Mulhouse, vivement émue de l'oubli dans lequel avait été laissée la ligne de Strasbourg à Dijon

1

par Mulhouse, s'adressa à M. le Ministre des travaux publics, afin que cette ligne fût comprise et classée dans le réseau des communications du premier ordre qui avait été arrêté par le Gouvernement.

La chambre de commerce fondait sa réclamation sur les intérêts du Haut-Rhin et sur l'avantage que présentait un tracé qui, en se soudant sous Dijon à celui de Paris à Marseille, établirait, d'une part, une communication entre Paris et le midi de la France, et d'autre part, avec la Suisse et l'Allemagne.

Cette réclamation fut vivement appuyée par les chambres de commerce de Besançon et de Lyon.

Quoique l'Administration eût fait espérer que la ligne de Mulhouse à Dijon serait étudiée aux frais de l'État, simultanément avec celle de Paris à Strasbourg, le manque de fonds disponibles et l'impossibilité de modifier la distribution de ceux que les Chambres législatives avaient votés, ne lui permirent pas de s'occuper de cette étude.

En 1838, il fut sérieusement question d'établir un chemin de fer entre Paris et Lyon par Dijon. Persuadés que si cette ligne venait à s'exécuter, celle de Dijon à Mulhouse en deviendrait une conséquence inévitable, non-seulement par les avantages qu'elle présenterait au tronçon principal auquel elle se soudrait, mais aussi par l'intérêt immense qui en résulterait pour le chemin de Strasbourg à Bâle, dont la concession venait d'être accordée; pénétrés également de l'importance qu'une pareille entreprise avait pour leur pays, MM. Kœchlin (André et Ferdinand) prirent la résolution d'en faire les études à leurs frais.

Dès cette époque, ils firent procéder à une reconnaissance du terrain entre Dijon et Mulhouse, par le département de la Haute-Saône, et ils s'entourèrent de tous les documents et de tous les éléments qui étaient jugés propres à la présentation d'études complètes.

Deux directions principales devaient nécessairement se disputer la préférence. Celle qui, en passant par Gray et par le département de la Haute-Saône, desservirait Vesoul et la place importante de Belfort; l'autre qui suivrait la vallée du Doubs et toucherait la place de Besançon. L'intérêt général exigeait que ces deux lignes fussent étudiées simultanément, afin que l'Administration supérieure pût choisir celle qui présenterait le plus d'avantages sous les rapports combinés de la défense du territoire, des intérêts du commerce et de l'industrie, de la facilité de l'exécution et de l'exploitation.

Aussi, pendant que MM. André et Ferdinand Kœchlin s'étaient attribué la tâche de reconnaître la première de ces lignes, le conseil général du Doubs, suivant l'essor imprimé par ces honorables citoyens, vota des fonds pour les études de l'autre ligne, qui intéressait principalement le département dont il est l'organe.

Les choses en étaient à ce point, lorsque le refus des Chambres de confier au Gouvernement l'exécution des grandes lignes de chemins de fer, et le discrédit dans lequel tombèrent les actions engagées dans les entreprises particulières, frappèrent de stérilité les efforts de MM. Kœchlin, qui durent alors se borner à des démonstrations partielles et isolées, qui ne pouvaient plus être suivies, à cette époque, d'une réalisation immédiate.

Mais en juin 1840, une commission composée des personnages les plus honorables et présidée par M. le marquis de Louvois, s'occupa de nouveau et sérieusement du projet du chemin de fer de Paris à Lyon par Dijon. Cette nouvelle manifestation réveilla derechef la sollicitude de MM. Kœchlin, qui n'avaient jamais abandonné le projet de lier à ce chemin le sort de celui de Dijon à Mulhouse, et qui avaient toujours considéré ces deux lignes comme dépendantes et corrélatives l'une de l'autre. Ils s'adressèrent en conséquence à la ville de Besançon, pour stimuler son zèle, que les événements précédents avaient dû également refroidir et frapper d'impuissance.

En même temps, MM. Kœchlin demandèrent et obtinrent l'appui de la société industrielle de Mulhouse, qui se chargea de couvrir de son patronage les études complètes et définitives qu'il s'agissait d'entreprendre.

Ces démarches furent couronnées d'un plein succès. Les conseils généraux des départements du Haut-Rhin, de la Haute-Saône et de la Côte-d'Or, les conseils municipaux des villes de Dijon, Gray, Vesoul, Lure, Belfort, Altkirch, Mulhouse et Colmar, la société industrielle de Mulhouse, et les habitants les plus notables des trois départements, surtout de Mulhouse, s'empressèrent de contribuer par des souscriptions aux frais des études de la ligne passant par la Haute-Saône. Une manifestation aussi chaleureuse se développa dans le département du Doubs en faveur de la ligne qui devait s'appuyer sur Besançon.

Vers la fin de 1840 des études complètes furent entreprises sur chacune des deux lignes. Elles sont aujourd'hui terminées, et le Gouvernement est en mesure d'accorder sa préférence à celle qui satisfera le mieux aux grands intérêts du pays.

Nous sommes profondément convaincus que l'exécution du réseau de chemins de fer qui lierait Paris à Lyon et à Mulhouse, est une des opérations les plus utiles que le Gouvernement puisse entreprendre ou favoriser. C'est vers la réalisation de cette pensée que tendent tous nos efforts. Pour cela, nous apportons le faible tribut de nos recherches et de nos observations, en ne prenant d'autre guide que la prospérité générale du pays et en faisant abstraction des rivalités locales, qui ne tendent que trop à substituer leur action fractionnaire et dissolvante au grand et saint intérêt de la communauté.

Libres de tout engagement, jouissant de l'indépendance que nous imprime notre caractère d'ingénieurs de l'État, dégagés de toute espèce d'intérêts, même de localité, nous avons accepté l'honorable mission qui nous a été confiée par MM. Kœchlin. Nous avons étudié avec liberté et conscience le tracé de la ligne passant par le département de la Haute-Saône, non dans le but de lui donner une préférence exclusive sur celle que notre camarade Parandier était chargé de reconnaître par la vallée du Doubs, mais afin d'apporter un élément de plus dans la grande question qui s'agite, afin de mettre le pays à même de choisir, en connaissance de cause, celle des deux lignes qui offre le plus d'avantages. Dans cette conduite, nous n'avons d'ailleurs fait qu'obéir aux vues de MM. Kœchlin, sous les auspices desquels notre travail a été exécuté.

Il importe, avant tout, de faire reconnaître l'utilité et la nécessité du chemin de fer de Mulhouse à Dijon; dans ce but, deux études ont été entreprises. Le principe une fois admis, il appartient aux juges compétents, à l'Administration supérieure, au Gouvernement, aux Chambres, de choisir celle des deux lignes qui embrassera le plus grand nombre d'intérêts.

En conséquence, dans ce qui va suivre, nous ne porterons jamais la discussion sur la comparaison technique des deux lignes. Le conseil général des ponts et chaussées est, à cet égard, un juste et habile appréciateur. Mais quant aux avantages commerciaux, industriels et stratégiques, qui nous apparaîtront, il est de notre devoir de les signaler, afin d'éclairer la religion de nos juges; quant à ceux qui sont inhérents à notre tracé et que nous avons reconnus par les études auxquelles nous nous sommes livrés, il faut bien que nous les constations pour faire apparaître la lumière.

Si notre tracé n'obtient pas la préférence, nous n'en serons pas moins persuadés que nous avons rendu un service à notre pays, pour l'avoir mis à même de choisir, par élimination, une ligne qui satisfait mieux que la nôtre aux intérêts généraux.

CHAPITRE II.

Considérations générales, géographiques, militaires et commerciales.

En se plaçant au point de vue de l'intérêt général, qui doit être le seul guide du Gouvernement dans le choix des lignes de chemins de fer du premier ordre qu'il s'agit d'établir en France, l'on ne peut s'empêcher de reconnaître que parmi les artères principales dont l'utilité est la plus immédiate et la plus évidente et qui doit activer au plus haut degré la prospérité du pays, il faut placer celles qui doivent joindre l'Océan, la Méditerranée et la frontière de l'Est.

Nos intérêts politiques et commerciaux en Orient et dans la Méditerranée, qui préoccupent si vivement tous les esprits, ceux plus sensibles et plus directs de notre récente conquête en Afrique, le développement de la prospérité des deux principaux ports maritimes, le Hâvre et Marseille, exigent impérieusement qu'un chemin de fer unisse ces deux places en passant par Paris et Lyon, les deux capitales de la France.

Le mouvement commercial du port de Marseille a acquis dans ces derniers temps une prodigieuse activité, grâces aux intérêts du Levant si vivaces et si puissants, grâces à notre conquête de l'Afrique. Mais, il faut bien le reconnaître, ce port est situé dans une impasse, à l'une des extrémités de la France, n'ayant derrière lui, pour communiquer avec le cœur du pays, que des routes ordinaires dont l'état laisse beaucoup à désirer. Aussi Marseille se voit-il sur le point de perdre une partie de sa splendeur, au profit du port de Cette, qui se trouve relié à l'intérieur par un réseau de voies navigables et de chemins de fer dont le développement augmente sans cesse, et qui, par suite des grands et beaux travaux maritimes que le Gouvernement y exécute, présentera prochainement aux navires du commerce toutes les sûretés désirables contre les dangers de la mer, en même temps qu'un débouché facile, rapide et économique pour les expéditions de l'intérieur.

Le port du Hâvre, de son côté, se voit menacé dans le privilége dont il a joui jusqu'à présent presque exclusivement, c'est-à-dire, dans l'expédition des denrées coloniales en transit pour la Suisse et le Midi de l'Allemagne, par les ports d'Anvers et d'Ostende, que le Gouvernement Belge a si heureusement su unir au Rhin par une magnifique chaîne de chemins de fer dont

le dernier anneau, entre Liége et Aix-la-Chapelle, sera prochainement ouvert.
Et qui ne connaît l'importance du Rhin, si grande, si puissante dans tous les
siècles, que toujours et aujourd'hui encore, l'on s'en dispute la souveraineté,
comme l'on ferait d'un empire; c'est que le Rhin, avec son parcours navigable aux gros bateaux, sur 93 myriamètres de développement, touchant
par sa tête au lac de Constance, à l'Autriche, à la Suisse, baignant les frontières de la France, des duchés de Bade, de Nassau et de Hesse-Darmstadt,
de la Bavière, de la Prusse et de la Hollande, arrosant les régions les plus
fertiles et les plus populeuses du monde; c'est que, communiquant par ses
affluents au cœur de l'État germanique, au Danube qui, après un trajet de
260 myriamètres, se verse dans la mer Noire et vivifie les régions centrales
de l'Europe; c'est que ce fleuve souverain a été, et sera toujours une voie
commerciale si importante que le nouveau Droit des gens en a consacré la
neutralité, en le déclarant libre pour tous les pavillons, et que toutes les nations, de près ou de loin, tendent à s'y ouvrir un débouché.

Or, par les ports belges, les denrées coloniales pourront facilement *et à
bon marché* (voir la note 1) arriver au Rhin, et de là se verser dans l'Allemagne, dans la Suisse, jusque sur le Danube, par le Mein et le canal de jonction de cette rivière au Danube. L'on opposerait en vain à cette concurrence
le canal de la Marne au Rhin, qui, en se reliant au chemin de fer de Paris
à Rouen, aujourd'hui en cours d'exécution, est destiné à verser à Strasbourg
et sur le Rhin les provenances coloniales du Hâvre. Comment ce canal pour-
rait-il lutter avec avantage contre les bateaux à vapeur qui sillonnent le
Rhin entre Bâle, Strasbourg, Cologne et Rotterdam?

Ce n'est pas que le canal de la Marne au Rhin ne présente au pays d'immenses avantages; mais ils se réduiront aux échanges que l'exploitation des
richesses métallurgiques, agricoles, forestières et industrielles, établira entre
les divers départements qu'il traverse. C'est là un immense bienfait; mais sous
le point de vue du transit, nous ne pensons pas qu'il puisse soutenir la concurrence avec la navigation du Rhin, combinée avec les transports des chemins de fer belges.

Par le canal de la Marne au Rhin, trois transbordements des marchandises
sont inévitables pour arriver au Rhin : l'un à Rouen, après la remonte de
la Seine; le second à Paris, après le transport par le chemin de fer; le
troisième à Strasbourg. Par la Belgique, un seul transbordement a lieu; c'est
celui qui s'effectue à l'arrivée à Cologne, sur le Rhin.

Si l'on considère ce que ces transbordements amènent de retards, par suite des formalités des douanes et de l'octroi, et de dépenses, par suite des dépôts, emmagasinages, camionages, etc., l'on sera convaincu, une fois de plus, de l'infériorité actuelle de la France dans la lutte contre la Belgique, pour conserver l'approvisionnement en denrées coloniales d'une partie de l'Allemagne.

Si l'on exécute le Rail-way du Hâvre à Marseille, la communication des deux mers sera réellement obtenue, et l'on aura l'avantage d'éviter les transports maritimes toujours incertains, souvent dangereux, et jamais d'un parcours régulier et constant, d'obliger le transit par la France, du nord au sud, entre l'Angleterre et la Méditerranée, en évitant le dangereux passage du détroit de Gibraltar. Avantages commerciaux pour le Hâvre, Marseille et l'Est de la France.

En même temps l'on vivifie vingt départements du centre de la France; on les réunit comme dans un faisceau; on provoque l'échange des richesses qu'ils renferment, et, ce qui est plus et mieux, celui de leurs habitants et de leurs mœurs.

Sous le rapport politique, de quel intérêt n'est-il pas d'unir le Hâvre, Rouen, Paris, Lyon et Marseille par quelques heures de trajet, en groupant simultanément une foule de villes d'un ordre inférieur, telles que Dijon, Châlons, Vienne et Avignon.

Il est donc d'un haut intérêt d'exécuter la ligne du chemin de fer du Hâvre à Marseille par Paris et Lyon. Le tronçon de Paris à Rouen s'exécute dans ce moment; celui de Paris à Corbeil est en exploitation; la partie comprise entre Corbeil, Châlons-sur-Saône, Lyon et Marseille, a été étudiée par divers ingénieurs du plus grand mérite, aux frais, soit de l'État, soit de souscripteurs.

Tout est donc prêt, de ce côté, pour que l'État puisse prendre une résolution définitive.

Quant au chemin de fer de l'est de la France, ce que nous avons dit précédemment doit en faire ressortir les incontestables avantages. Les denrées coloniales du Hâvre et de Marseille pourront pénétrer dans l'intérieur de l'Allemagne, de la Suisse, dans le nord de l'Italie par les deux branches qui, partant de ces ports, viendront se réunir au Rhin. Et si, par des relations diplomatiques bien concertées avec les États germaniques, l'on opère, par un canal, la jonction du Rhin au Danube entre Strasbourg et Ulm, par la vallée

8

de la Kintzig, l'expédition des denrées coloniales en provenance du Hâvre et de Marseille sera assurée à ces deux ports.

Un chemin de fer qui porterait directement ces denrées de Marseille ou du Hâvre à Strasbourg, sans transbordements, et les verserait sur un canal communiquant avec le Danube, lutterait victorieusement contre les tendances belges, à cause du plus court trajet, par conséquent du moindre prix et de la plus grande vitesse.

C'est vers l'exécution de ce canal de jonction du Rhin au Danube, déjà rêvé par Charlemagne et étudié par ordre de Napoléon, que tous les efforts de la France doivent tendre.

Si le Rhin et le Danube étaient situés dans des pays de même souveraineté ou de même confédération, dont les intérêts fussent par conséquent les mêmes, depuis longtemps leur jonction serait effectuée; aussi sont-ce les deux puissants empereurs et souverains de l'Europe qui ont songé à leur réunion. Mais divisés d'intérêts, de politique, les peuples riverains de ces deux fleuves n'ont pu s'entendre jusqu'à ce jour pour exécuter une œuvre si utile à tous. Aujourd'hui que ces divisions disparaissent de plus en plus, que l'on commence à comprendre que l'intérêt de tous est corrélatif de l'intérêt de chacun, et que les relations commerciales ne sont possibles que par l'échange des produits de chaque sol, de chaque intelligence; aujourd'hui que les bienfaits de la paix se consolident et s'étendent par les relations multipliées des peuples, il est possible, il est nécessaire que la jonction du Danube au Rhin soit effectuée, telle que nous l'indiquons, par la vallée de la Kintzig.

C'est au Gouvernement qu'appartient la tâche de provoquer, par son influence, l'exécution de cette voie navigable, qui sera si utile à la fois à la France et à l'Allemagne.

L'exécution du chemin de fer de Paris à Lyon par Dijon est évidemment corrélative et dépendante de celle de la ligne de Dijon à Mulhouse. C'est ainsi que les auteurs des projets, le comité du chemin de Montereau à Châlons-sur-Saône, MM. André et Ferdinand Kœchlin et la société industrielle de Mulhouse, l'ont toujours compris; et c'est ce qui résulte de ce que nous avons rapporté dans le premier chapitre, des diverses phases par lesquelles ont passé les études de cette dernière ligne.

Quoiqu'un chemin de fer de Mulhouse à Dijon, et même de Mulhouse à Gray, présente à lui seul de grandes chances de succès, à cause de l'importance du port de Gray et des relations commerciales nombreuses qui existent entre la vallée de la Saône et celle du Rhin, l'on a néanmoins toujours considéré ce chemin comme intimement lié à celui de Paris à Lyon, comme un embranchement de ce dernier.

De même, cette dernière ligne, malgré l'intérêt général qu'elle présente au premier aspect, et que personne ne saurait nier, a toujours compté l'embranchement sur Mulhouse comme une source essentielle de prospérité.

En conséquence, dans l'esprit de tous ceux qui se sont associés dans le but de relier Paris à Lyon et à Mulhouse, il a été entendu que ces deux lignes seraient connexes, dépendantes et nécessaires l'une à l'autre.

C'est qu'effectivement la vitalité de l'une de ces lignes doit augmenter celle de l'autre; c'est que le mouvement du Nord au Sud, de Paris à Lyon, sera activé dans une forte proportion, dans celle de 1 à 2, suivant les lois de la logique, par celui qu'imprimera le mouvement accessoire du chemin de l'Est à l'Ouest, de Mulhouse à Dijon.

L'idée de réunir ces deux lignes orthogonales est donc fort heureuse, et l'on ne peut disconvenir, qu'abstraction faite des intérêts rivaux, et considérée simplement sous le point de vue du bien public, elle ne réunisse tous les éléments de succès que l'on peut désirer et espérer.

L'impuissance des compagnies exécutantes est aujourd'hui un fait parfaitement constaté, puisqu'elles ne parviennent pas à réunir les capitaux nécessaires pour l'exécution des grands travaux d'utilité publique. Cette impuissance résulte principalement de l'inertie des actionnaires à verser leurs fonds dans des entreprises qui n'offrent pas de chances suffisantes de bénéfices légitimes.

Il importe donc, si toutefois l'on veut admettre les compagnies dans l'exécution en partie ou en totalité des chemins de fer, que ceux-ci soient disposés de manière à ce que ces chances de bénéfices soient augmentées, et ces chances résultent évidemment de la soudure de plusieurs lignes entre elles, de telle sorte que l'activité de l'une se reporte sur les autres, et que toutes, en se prêtant un mutuel secours, acquièrent un mouvement de prospérité qu'isolément elles ne sauraient avoir.

Or, nous ne croyons pas que la ligne importante de Paris à Lyon, ou plutôt de Montereau à Châlons-sur-Saône, exécutée isolément et sans l'embranchement sur Mulhouse, puisse présenter assez d'avantages à des actionnaires sérieux, pour qu'ils y placent leurs capitaux. De même la ligne de Mulhouse à Dijon, si elle ne se lie pas à la grande artère de Paris à Lyon, ne saurait offrir d'attraits à une compagnie qui voudrait l'entreprendre à ses frais.

En conséquence, la ligne de Paris à Lyon, qui est une des principales communications de la France, ne s'exécutera pas, dans notre opinion, par le concours total ou partiel d'une compagnie, si l'embranchement de Mulhouse ne s'effectue pas simultanément.

Mais si l'on réunit ces deux lignes, si on les construit en même temps, il en est autrement, et l'exécution par des compagnies devient possible et probable : nous ne disons pas une exécution complète, mais un concours partiel, comme celui dont il est question dans le sixième chapitre.

Dans ce cas, les capitalistes étrangers, notamment de Bâle et de la Suisse, qui ont de fréquentes relations avec le Hâvre, fourniraient, sans aucun doute, une grande partie des fonds nécessaires, et les localités intermédiaires entre Paris, Lyon et Mulhouse, seconderaient de tous leurs efforts l'exécution de ces grandes lignes.

Considérations sur le tracé à adopter pour joindre le Hâvre, Paris, Marseille et Strasbourg. Maintenant que nous avons exposé nos vues sur l'utilité générale d'une communication à grande vitesse entre l'Océan, la Méditerranée et l'Est de la France, nous allons rechercher quelles sont les directions que ces lignes doivent suivre.

Deux systèmes sont en présence : le premier, qui consiste à joindre par des lignes directes Paris au Hâvre, à Marseille et à Strasbourg ; le second, à unir le Hâvre à Marseille en passant par Dijon et à diriger de cette dernière ville un embranchement sur Mulhouse et Strasbourg.

Nous ne sommes pas à même de discuter les avantages de la ligne de Paris à Marseille par Dijon, parce que nous sommes étrangers aux études qui ont été faites. Mais ils ont été développés d'une manière lumineuse dans plusieurs publications, entre autres dans deux brochures récentes, l'une de M. Polonceau, inspecteur divisionnaire des ponts et chaussées, et l'autre du comité chargé de la direction des études, qui compte dans son sein des capacités de tout genre.[1]

Mais nous ne devons pas passer sous silence les avantages que présente, sous le point de vue des intérêts généraux, l'ensemble du deuxième système que nous venons d'énoncer.

---

[1] Ce comité est composé de M. le Marquis de Louvois, Pair de France ; Président.

Cordier, député ; Comte de Chastellux, député ; Larabit, député ; Mathieu, député ; Mauguin, député ; Comte de Rochemur ; Saunac, député ; Vuitry, député.

Adjoints : De Bondy ; Baron de Chasseloup-Lamotte ; Schneider aîné.

L'immense intérêt qui motive la jonction par des chemins de fer,

du Hâvre à Marseille,

du Hâvre à Strasbourg,

de Strasbourg à Marseille,

ne peut être mis en doute.

Cet intérêt se trouve apprécié et suffisamment démontré par les efforts du Gouvernement pour relier ces trois points par des voies navigables. Les canaux du Rhône au Rhin, de Bourgogne, de la Marne au Rhin, l'amélioration du Rhône, de la Saône, la prochaine réunion de la Saône à la Meuse et à la Meurthe, le canal du centre, le canal latéral à la Loire, les canaux de Briare et de Loing; tous ces ouvrages, dont la plupart sont exécutés, quelques-uns en cours d'exécution, et d'autres en projet, sont des témoignages irrécusables du grand intérêt qui s'attache à la jonction de ces points extrêmes.

C'est qu'en effet ces trois points résument et concentrent l'importance commerciale du Nord, du Midi et de l'Est de la France; et cette importance est immense pour chacun d'eux. Pour le Nord et le Midi, à cause des ports du Hâvre et de Marseille, ces deux grands foyers d'arrivages des denrées coloniales; pour l'Est, à cause de la position de Strasbourg, sur les bords du Rhin, à l'extrémité de la France, aux portes de l'Allemagne et servant d'entrepôt à la consommation de l'Europe centrale.

Ainsi, d'une part production et d'autre part consommation, c'est-à-dire, les deux plus puissants éléments de progrès du mouvement commercial.

En conséquence, la nécessité de réunir tôt ou tard ces trois points en passant par Paris, qui est devenu un lieu de sujétion, doit être consacrée d'une manière absolue.

Si l'on fait, pour un instant, abstraction des intérêts spéciaux que chaque localité fait valoir aux dépens des intérêts voisins, si l'on considère la France comme un pays unitaire et centralisé dans un but de prospérité commune, il est hors de doute que la réunion de ces trois points s'effectuera bien plus avantageusement par le deuxième système que par le premier.

En effet, dans le premier système, l'on aura à exécuter trois chemins de fer distincts, formant les trois côtés d'un grand triangle dont le périmètre serait de 1678 hilomètres de développement. Ces trois chemins réuniraient

Paris à Strasbourg par Nancy ou Metz,

Paris à Lyon et à Marseille,

Lyon à Strasbourg.

Si, au contraire, l'on admet le deuxième système, celui qui consiste à partir de Dijon comme point central pour se bifurquer à Paris, à Lyon et à Marseille, la ligne brisée qu'on obtiendrait de cette manière n'aurait que 984 kilomètres de développement et serait par conséquent plus courte que le réseau du premier système de 694 kilomètres. Or, en admettant que le kilomètre de chemin de fer revienne à environ 250,000 francs (ce qui a généralement lieu dans ces localités), le deuxième système aura sur le premier l'avantage d'une économie de 173 millions.

C'est ce qui a été parfaitement établi dans la notice publiée en juillet 1841 par le comité du chemin de fer de Paris à Lyon, par la Bourgogne.

Or, quelles que soient la richesse et les ressources de la France, l'on ne peut se dissimuler qu'une économie de 173 millions mérite d'être prise en considération, surtout dans ce moment où l'on a tant de peine à réunir les capitaux nécessaires pour l'exécution de lignes d'un ordre inférieur, et où la situation du trésor public oblige la suspension et l'ajournement de tous les travaux utiles qui avaient été entrepris dans ces derniers temps.

Avec cette économie de 173 millions, l'on pourra ouvrir 700 kilomètres de chemins de fer dans d'autres localités et faire jouir une plus grande masse de la population des bienfaits de ces voies rapides.

Pour arriver à Strasbourg, soit en partant de Lyon, soit en partant de Paris, il faut franchir la chaîne des Vosges qui sépare la vallée du Rhin du restant de la France. C'est dans ce passage des Vosges que résident les difficultés d'exécution. Or, si l'on parvient à l'opérer, pour les deux chemins, par un embranchement commun, si ce passage est choisi de manière à éviter les longs souterrains, les grands ouvrages d'art qui ordinairement se multiplient dans ces circonstances, il est évident que, sous le rapport technique, cette solution devra être préférée à celle qui entraînerait deux passages différents avec des difficultés plus considérables.

Le deuxième système satisfait à cette condition avec succès. L'on franchit les Vosges à Belfort, où la dépression de la chaîne est très-forte et où se trouvent réunis tous les avantages qu'exige un bon tracé, avantages qu'aucun autre col ne saurait offrir, depuis Belfort jusqu'à Bitche, le long de la vallée du Rhin.

Chemin direct de Paris à Strasbourg. Avant de terminer ces considérations générales, nous dirons quelques mots sur le chemin direct de Paris à Strasbourg, dont cette dernière localité ré-

clame avec instance l'exécution, tandis qu'elle verrait avec regret l'établissement de celui qui est projeté par la Bourgogne. Certes, un jour viendra où
les ressources financières de la France permettront d'entreprendre simultanément ces deux grands ouvrages, et de faire participer au mouvement général
les départements qui sont compris entre Paris et Strasbourg. Nous appelons
cet instant de tous nos vœux, mais en toutes choses et surtout lorsqu'il s'agit
de travaux publics, il faut se placer au point de vue possible et actuel. Or,
dans ce moment, lorsque l'État exécute à grands frais un canal pour réunir
la Seine au Rhin; lorsque, dans les enquêtes, tous les départements traversés
ont manifesté leur préférence pour ce canal, aux lieu et place d'un chemin
de fer; lorsque nulle sympathie en faveur de ce chemin de fer ne s'est pro-
duite alors de la part des départements intéressés (Strasbourg excepté), comment concevoir qu'une compagnie ou que le Gouvernement risquent d'énormes
capitaux dans l'exécution d'un ouvrage dont l'intérêt n'a pas été compris;
quand, d'un autre côté, éclatent les manifestations les plus vives en faveur
du chemin par la Bourgogne; quand des études dans différentes directions
sont effectuées par voie de souscriptions; quand les départements vont au-
devant des demandes du Gouvernement en votant la cession gratuite des terrains et des subventions pécuniaires; quand partout les populations s'émeuvent
et demandent à grands cris une voie de communication que leurs soit-disant
rivaux ont repoussée jusque dans ces derniers temps par leur silence et leur
inertie?

Dans une pareille conjoncture, le choix du Gouvernement ne nous paraît
pas douteux.

Quand même l'on se déciderait à entreprendre la ligne directe de Paris à
Strasbourg, il faudrait néanmoins et de toute nécessité exécuter celle de Paris
à Lyon et celle de Lyon à Strasbourg, c'est-à-dire réaliser complétement le
projet dont celui de Dijon à Mulhouse n'est qu'un des éléments.

Pour unir Paris et Lyon, l'on passera par Dijon; pour joindre Lyon et
Strasbourg, l'on traversera également Dijon; de sorte que le chemin de Paris
à Strasbourg sera établi par le fait même de ceux de Paris et de Strasbourg
à Lyon.

En conséquence, l'exécution de ces projets ne peut porter aucun obstacle
à celle du chemin direct de Paris à Strasbourg; seulement et en considération des revenus bornés que l'on peut affecter à ces entreprises, la ligne
directe sera probablement subsidiaire à l'autre, puisque la communication

entre ces deux points aura déjà été obtenue par la Bourgogne, quoique d'une manière indirecte.

Le commerce de Strasbourg a constamment témoigné plus de faveur pour le chemin de fer que pour le canal de la Marne au Rhin, tandis que le contraire a eu lieu dans les départements traversés. Cela se comprend très-bien, si l'on considère que ces départements sont producteurs et qu'ils ont un grand intérêt à verser leurs produits sur le canal, qui les transportera à meilleur marché qu'un chemin de fer, eu égard à la nature de ces produits, qui sont principalement agricoles et minéralogiques, tandis que la ville de Strasbourg a vu dans la voie qu'il s'agissait d'ouvrir, une ligne de voyageurs dont elle serait l'extrémité, une artère vers le Hâvre et une communication au profit du transit des denrées coloniales dont elle est l'entrepôt obligé pour l'Allemagne et la Suisse. Elle entrevoit au contraire dans l'exécution du chemin de fer par la Bourgogne un avenir de décadence, parce qu'elle craint que Mulhouse ou Bâle ne s'emparent du privilége de cet entrepôt qu'à toutes les époques elle a conservé, qui sous le système continental a porté sa prospérité au plus haut degré et qui par l'ouverture du canal du Rhône au Rhin et par le récent traité avec la Hollande a relevé son commerce que la chute de l'empire avait considérablement affaibli.

Mais ces craintes sont-elles justes? Ces espérances fondées sur l'exécution d'une ligne directe ne sont-elles pas illusoires?

Strasbourg, par l'étendue de ses rapports avec l'Allemagne, par sa position sur le Rhin, sur l'Ill, sur les canaux de jonction du Rhône et de la Marne au Rhin, par la grandeur de ses halles et de ses établissements commerciaux, par l'effet du traité néerlandais, surtout par sa proximité du Rhin, qui permet d'accomplir rapidement et définitivement toutes les formalités exigées par les douanes pour l'exportation, Strasbourg n'a rien à redouter d'un chemin de fer qui de Paris et de Lyon aboutirait à Mulhouse et à Bâle.

Si ses relations avec la Suisse, en ce qui concerne le commerce du transit du Hâvre, perdent quelque peu de leur importance, il est certain que celles qu'elle a avec l'Allemagne centrale augmenteront, et qu'il s'opèrera dans son sein, par l'établissement du canal de la Marne au Rhin, un mouvement dont elle profitera exclusivement.

Quant aux voyageurs qui constituent, il faut bien l'avouer, la principale ressource des chemins de fer, du moins jusqu'à présent, Strasbourg n'a rien à redouter du chemin de la Bourgogne. S'il est vrai qu'une partie des touristes qui voudront aller en Suisse passeront par Mulhouse et par Bâle, en tournant Strasbourg, il est aussi certain que cette classe de voyageurs est une très-faible fraction de la population qui fréquente les chemins de fer.

Ce ne sont pas les points extrêmes d'un chemin de fer qui l'alimentent en voyageurs, surtout lorsque la distance qui les sépare est considérable, parce que les relations diminuent en raison directe de cette distance; ce ne sont que les personnes ayant une certaine position de fortune, qui, eu égard au haut prix du transport et aux frais de séjour qui naissent d'un voyage, parcourent le développement complet d'une longue ligne. Mais il n'en est pas de même des populations situées intermédiairement sur la ligne : celles-ci subissent une émigration constante vers les localités voisines, les petites étant attirées, soit par intérêt, soit par curiosité, vers les grandes. Aussi n'est-ce pas sans quelque fondement que les petites villes situées sur un chemin de fer se plaignent du préjudice dont sont frappés leur commerce de détail et leur industrie locale.

Considéré sous ce point de vue, le chemin de fer de Paris à Strasbourg par la Bourgogne, quoique son développement soit notablement plus grand que celui du chemin direct, et que par conséquent il occasionnera un retard de quelques heures dans le parcours, ce chemin n'empêchera pas les relations peu nombreuses d'ailleurs aujourd'hui et qui s'établiront plus tard entre les points extrêmes; de plus il créera des rapports nouveaux et inconnus aujourd'hui entre Strasbourg et les populations situées sur la ligne. Quelques-unes des localités traversées ont déjà des relations de mœurs, de langue et d'intérêt, qui aboutiront à des déplacements dont Strasbourg sera le but; telles sont les villes d'Altkirch, de Belfort, les nombreux villages situés dans ces deux arrondissements du Haut-Rhin, les populations riches et nombreuses des vallées supérieures de l'Ill et de la Largue, celles de Ferrette, de Porentrui et de cette partie de la Suisse; d'autres localités moins unies à l'Alsace par la différence des origines, telles que Lure, Vesoul, Gray et Dijon, éprouveront le besoin de locomotion qu'excitent à un si haut degré les chemins de fer. Elles seront attirées à Strasbourg par l'importance et la grandeur de cette ville, par la curiosité qu'inspirent ses monuments et sa position sur l'extrême frontière de la France.

Ainsi, à part les quelques voyageurs que la Suisse attirera exclusivement, Strasbourg verra affluer dans ses murs non-seulement la population groupée sur la ligne de Paris à Dijon et à Mulhouse, mais aussi celle de la vallée de la Saône et du Rhône jusqu'à Marseille.

Ce que nous disons n'est pas une simple hypothèse. Quoiqu'il soit impossible de déterminer à priori le mouvement de locomotion qu'un chemin de fer imprimera à la population du pays qu'il traverse, les exemples que nous fournissent les chemins exécutés jusqu'à ce jour ont si fort déjoué toutes les prévisions, le récent chemin de fer établi entre Strasbourg et Bâle a tellement dépassé les attentes du public [1], que nous sommes autorisés à prédire un immense développement de prospérité à la ville de Strasbourg par l'exécution du chemin de la Bourgogne.

Sur la moyenne de 2000 voyageurs par jour que transporte le chemin de Strasbourg à Bâle, il n'y a pas 100 étrangers. L'immense majorité de cette population voyageuse provient des localités voisines et intermédiaires, Mulhouse, Colmar, Schlestadt, de tous les bourgs ou villages aboutissant au chemin.

Si l'on sacrifiait la ligne de la Bourgogne à un chemin de fer direct par Nancy ou Metz, nous croyons, contrairement à l'opinion répandue dans le monde commercial de Strasbourg, que cette dernière localité serait loin d'en retirer des avantages positifs, et qu'elle courrait le risque de voir les denrées coloniales en transit, ainsi que le mouvement des voyageurs, lui échapper pour toujours.

D'abord, les départements qui seraient traversés par ce chemin sont loin d'être aussi riches, aussi peuplés que le Haut-Rhin, la Haute-Saône, la Côte-d'Or et l'Yonne. L'alimentation du chemin de fer serait donc moindre.

Mais ce qui est plus grave, c'est la tendance, disons mieux, le projet bien arrêté de l'Allemagne, d'ouvrir une ligne entre Sarebrück, Bexbach et la Rheinschantz de Mannheim, à travers les territoires de la Prusse et de la Bavière rhénane. Cette ligne ouvrirait un débouché au magnifique bassin houiller de Saarbrück, pour tout le Palatinat, pour les duchés de Bade, de Nassau, de Hesse et tout le littoral du Rhin. Mais quoique cet intérêt soit immense pour l'Allemagne, dont le mouvement industriel prend chaque jour un essor plus vif, grâces à l'association de leurs douanes, la politique de ce pays entrevoit, dans l'ouverture du chemin de fer de Sarebrück à Mannheim, un intérêt plus grand, plus général. Cet intérêt consiste à souder leur ligne au chemin

---

1 Il y avait avant l'établissement du chemin de fer tout au plus 50 à 60 voyageurs par jour entre Strasbourg et Bâle. Depuis l'ouverture du chemin ce nombre s'est élevé moyennement à 2000. Il a quelquefois dépassé le chiffre de 7000, et rien n'annonce que cette moyenne sera abaissée dans l'avenir.

direct de Paris à Strasbourg, et à y amener non-seulement les voyageurs qui se rendraient en Allemagne, mais encore les denrées coloniales qui se verseraient sur le réseau de chemins de fer qui sillonnent déjà l'Allemagne.[1]

Les villes de Mayence et de Mannheim, ou la Rheinschantz, deviendraient donc l'entrepôt de ces marchandises, et l'extrémité de la ligne de Paris au Rhin, au grand détriment de Strasbourg, se verrait déshéritée de son plus puissant élément de prospérité future. Cette prévision est d'autant plus admissible, que Mannheim et Mayence sont des villes allemandes, par l'intermédiaire desquelles les négociants allemands préféreront traiter plutôt qu'avec la ville française de Strasbourg, et qu'elles sont admirablement placées, l'une sur le Necker, l'autre sur le Mein, pour pouvoir communiquer plus facilement avec l'intérieur de l'Allemagne.

Il suffit de lire les journaux sérieux de l'Allemagne, pour être convaincu de cette tendance, que nous avons cru devoir indiquer, non pas pour empêcher l'exécution de la ligne directe, mais pour prémunir les intéressés contre des suggestions qui pourraient leur être fatales (note 2).

Nous sommes profondément convaincus que, s'il n'est possible d'entreprendre qu'une seule des deux lignes, soit celle de Paris à Dijon et à Mulhouse, soit celle de Paris à Strasbourg par Nancy ou Metz, les intérêts généraux de la France militent en faveur de la première. Bien plus, quoique cette ligne établisse une communication moins directe et plus allongée que la seconde, entre Paris et Strasbourg, il nous paraît hors de doute que cette dernière ville en retirerait plus d'avantages, puisqu'elle serait reliée en même temps avec Lyon, Marseille et le midi de la France.

C'est sous ce point de vue général que notre opinion s'est fondée.

Mais nous appelons de tous nos vœux l'exécution simultanée des deux lignes rivales; exécution qui réaliserait, sans aucun doute, les avantages politiques et commerciaux les plus puissants que l'État et les localités puissent espérer. Nous désirons vivement qu'en présence des sympathies que le département du Bas-Rhin manifeste dans ce moment, et des votes de concours qui se multiplient de tous côtés, le Gouvernement prenne la résolution de doter le pays de ces deux grandes voies de communications.

---

1 Un grand nombre de chemins de fer sont exécutés ou en cours de construction en Allemagne. Mille kilomètres sont déjà en exploitation, et plus de 4000 kilomètres sont ou en cours d'exécution ou projetés.

Les chemins de fer, par leur nature même, doivent jouer dans l'avenir un grand rôle dans les opérations militaires et stratégiques. La facilité qu'ils procurent, de transporter avec une vitesse immense les troupes et le matériel sur les différents points du territoire, doit être un puissant moyen d'empêcher l'invasion et de porter l'offensive partout où il en est besoin.

Aussi le tracé des chemins de fer, tout en satisfaisant aux intérêts commerciaux du pays, doit-il être subordonné aux grandes considérations de la politique et de la stratégie.

Il faut, avant tout, songer à se défendre contre toute agression, et subsidiairement à porter la guerre chez l'ennemi, si cela devient nécessaire.

Ainsi, les chemins de fer doivent pouvoir satisfaire aux deux conditions, de la défense et de l'attaque.

Sous ce point de vue, on peut les considérer sous deux aspects différents, soit qu'ils relient entre elles les différentes places fortes échelonnées sur les frontières, soit qu'ils plongent dans l'intérieur et le cœur du pays, pour y puiser des renforts et des ressources, et former ainsi des lignes d'opération.

Il est avantageux de relier par des chemins de fer les places fortes importantes d'une frontière, afin qu'elles puissent se prêter un mutuel secours, soit pour faire lever un siége, soit pour les ravitailler en troupes et en munitions. Les chemins de fer de cette catégorie sont *concentriques* à la circonférence des frontières : ils sont purement défensifs et ne jouent qu'un rôle secondaire lorsqu'il s'agit de porter les hostilités en dehors du pays. Ces lignes concentriques peuvent être du 1.er, du 2.e ou du 3.e ordre, selon qu'elles relient entre elles, parallèlement à la frontière, des places fortes de plus en plus éloignées de ces frontières.

La deuxième catégorie de ces chemins qui, partant de la frontière, se dirigent dans l'intérieur et vers la capitale, a une importance bien plus grande. Ils servent à parer à une invasion par le transport rapide des troupes aux points où elle a lieu; et si ces chemins se combinent avec deux ou plusieurs lignes concentriques de la première catégorie, le Gouvernement peut faire mouvoir, dans un instant, toutes ses forces éparpillées et les diriger simultanément sur le théâtre des hostilités.

Les chemins *radiaires* permettent de jeter des renforts dans une place attaquée ou de la faire évacuer au besoin. Ils contribuent, plus que les chemins de fer *concentriques,* à la défense du territoire, et ils ont sur ceux-ci l'avantage

-de servir en même temps à l'attaque ; car, si ces chemins sont bien dirigés, l'on peut porter instantanément des masses suffisantes sur le point de la frontière que l'on veut passer et alimenter constamment les corps actifs par de nouveaux renforts.

Par leur position voisine de la frontière, les chemins de fer *concentriques,* surtout ceux du premier ordre, peuvent être coupés par l'ennemi, en supposant qu'il soit parvenu à faire une pointe sur le territoire. Les places de guerre qui couvrent nos frontières ne sont pas assez rapprochées ; elles ne sont pas toutes assez importantes et la sphère de leur action ne s'étend pas assez loin ; enfin, elles sont trop rapprochées des frontières, pour qu'elles puissent éviter, dans certains cas, la rupture de leurs lignes de communication.

Les chemins *radiaires* doivent être tracés de manière à satisfaire à deux conditions principales : la première, de ne pouvoir être coupés par l'ennemi ; la deuxième, d'aboutir aux points d'attaque de la frontière, c'est-à-dire, à ceux où les chances de l'invasion sont les plus grandes.

Pour satisfaire à la première condition, qui est des plus importante, puisque le sort d'une armée agissante dépend de la conservation de sa ligne d'opération, il faut que le chemin de fer soit le plus éloigné qu'il est possible de la frontière, qu'il plonge dans l'intérieur du pays de telle sorte que, lorsqu'il abandonne les lignes *concentriques* du premier ordre, il s'éloigne de plus en plus de la frontière, comme un rayon s'éloigne de la circonférence d'un cercle pour se diriger vers le centre. Il ne faut pas que ce chemin soit parallèle et à peu de distance d'une partie de la frontière, pour que l'ennemi ne puisse couper, par surprise ou autrement, la ligne d'opération.

C'est ce que le comité des fortifications a établi comme principe fondamental dans l'avis qu'il a donné le 14 avril 1841 sur le projet du chemin de fer de Paris à Strasbourg par la Bourgogne, comparé à celui qui passerait par Metz ou Nancy. Il a donné la préférence à ce premier tracé, parce qu'il n'est pas, comme l'autre, tangent à la frontière sur une grande étendue.

Pour satisfaire à la deuxième condition, aussi bien qu'à la première, il faut s'appuyer sur une place forte du premier ordre, qui puisse, au besoin, contenir un corps d'armée, qui, par sa position et ses moyens de défense, soit inexpugnable, qui soit, enfin, à proximité du point de la frontière que l'ennemi a choisi pour faire invasion.

Il faut aussi, dans l'un et l'autre cas, que la ligne d'opération traverse une partie du territoire qui offre des ressources abondantes aux troupes, en vivres et en munitions, qu'elle s'appuie sur des voies de communication intérieures susceptibles d'alimenter, ou, au besoin, d'augmenter ces ressources, et sur lesquelles l'armée pourrait se replier, le cas échéant, pour établir de nouvelles lignes d'opération.

Considéré simplement comme ligne d'opération d'une armée opérant sur le Rhin, le chemin de Paris à Dijon et à Mulhouse, en se reliant à celui de Strasbourg à Bâle, satisfait au plus haut degré à toutes les conditions stratégiques.

C'est à Bâle, dont la douteuse neutralité a déjà été mise à l'épreuve, que le principal passage du Rhin par une armée envahissante aura lieu, plutôt qu'en tout autre point de la frontière de l'Est. La démolition des murs de Huningue a rendu ce passage parfaitement libre. Il importe donc que l'armée défensive puisse agir sur Bâle par une ligne *radiaire*, afin qu'elle soit à même de repousser l'ennemi qui voudrait tenter le passage par ce point.

L'importante place de Belfort, qui ferme au Sud le passage des Vosges, et qui, depuis que Huningue a été démantelé, forme le seul obstacle à la marche de l'ennemi débouchant de Bâle et pénétrant vers l'intérieur de la France; cette place est un point d'appui nécessaire de la ligne d'opération vers Bâle.

Depuis les grands moyens de défense dont elle a été pourvue dans ces dernières années, depuis la création de son camp retranché de 3o,ooo hommes, la place de Belfort doit être considérée comme un des points stratégiques les plus importants de la frontière.

La ligne d'opération qui, ayant Belfort pour base, traverserait le département de la Haute-Saône, par Lure, Vesoul et Gray, ainsi que celui de la Côte-d'Or jusqu'à Dijon, pour se jeter dans les vallées de l'Yonne et de la Seine et s'appuyer sur Paris, cette ligne s'assurerait des ressources qu'aucun autre tracé ne saurait offrir à un si haut degré.

Le département de la Haute-Saône est un des plus riches en blés; les magnifiques usines de Gray, de Savoyeux, Soing et autres, situées sur la Saône, à peu de distance du tracé du chemin de fer, fournissent journellement des quantités de farine suffisantes pour alimenter un grand corps d'armée.

Ces farines, qui aujourd'hui forment un objet important du commerce de la Haute-Saône, seraient entièrement à la disposition des troupes, sans qu'on pût craindre de voir tomber les usines alimentaires entre les mains de l'ennemi.

Les grains, farines et légumes, constatés dans le mouvement annuel du seul port de Gray, forment un tonnage de 60,000,000 kilogrammes[1], qui emploient 600 bateaux de la Saône à charge moyenne.

La Haute-Saône est également riche en vins, en fourrages et en bestiaux. Les nombreux hauts fourneaux et forges, ainsi que l'abondance du minerai de fer dont le département est couvert, permettraient de fabriquer des projectiles et une multitude d'objets nécessaires au matériel d'une armée.

Ce département, ainsi que celui de la Côte-d'Or et de l'Yonne, offrent des ressources inépuisables en produits de toute nature, principalement en grains, vins, fourrages, fers, fontes et minerais, bois de service et de chauffage, tous produits utiles et indispensables à la subsistance d'une armée.

Mais il y a plus; la ligne de Paris à Belfort et à Mulhouse, par Dijon et Gray, s'appuie sur les grandes voies de communication du Nord au Sud, et elle permet ainsi d'agir à droite et à gauche suivant les besoins.

A Gray, elle rencontre la Saône navigable et sillonnée par les bateaux à vapeur et par les bateaux du commerce, lesquels seuls représentent un tonnage de 202,000,000 kilogrammes ou la charge de 300,000 chevaux. Par la Saône, l'armée peut agir sur Lyon et se porter derrière cette ligne naturelle d'opération, le cas échéant. En tout cas, elle en tirerait des ressources abondantes de toute nature.

A Dijon, elle s'appuie sur le canal de Bourgogne, lequel alimenterait l'armée de toutes les provenances de la fertile contrée qu'il traverse.

Nous ne croyons pas que la ligne de Dijon par Besançon puisse opposer à Belfort des avantages aussi incontestables. La place de Besançon, quoique forte par sa position, doit être rangée dans le second ordre de celles qui défendent la frontière. Réduite, pour ainsi dire, à sa citadelle, elle est incapable d'opposer une longue et sérieuse résistance à une armée envahissante; elle ne pourrait contenir, comme Belfort, un corps d'armée et servir par conséquent de tête à une ligne d'opération. D'ailleurs la ligne de fer qui suit, depuis le bief de partage du canal du Rhône au Rhin, la vallée du Doubs jusqu'à Besançon, est trop près de la frontière sur une grande étendue, pour qu'elle ne risque pas d'être coupée, ce qui isolerait de l'intérieur le corps opérant sur le Rhin. Enfin,

---

[1] Voir l'avis du tribunal de commerce de Gray dans l'enquête relative au projet de chemin de fer entre la Marne et la Saône, le 10 décembre 1836.

c'est vers Bâle[1] qu'il importe de se diriger, et, pour cela, il faut qu'à proximité l'on puisse s'appuyer sur une grande place. Or, Besançon est trop éloigné de Bâle, et cette forteresse est trop petite pour qu'elle puisse jouer le rôle d'une tête de ligne d'opération.

Nous avons été obligés d'entrer dans ces détails pour justifier notre opinion, quoique nous sachions bien que nous ne sommes pas compétents dans la matière. C'est au Gouvernement à décider si nous nous sommes trompés.

---

1 Extrait d'une délibération du Comité des fortifications (séance du 14 avril 1841) au sujet d'un chemin de fer de Paris à Strasbourg.

» Le Comité, qui n'est appelé à envisager la question que sous le seul rapport de la défense » du territoire . . . . . , remarque que le rail-way direct de Paris à Strasbourg se trouvant situé » à une assez faible distance de la frontière du Nord, il serait à craindre, dans le cas d'une » invasion, que l'ennemi, maître de la ligne de la Sarre, s'avançât jusqu'à cette voie et parvint, » en paralysant ce puissant moyen de communication, à isoler de l'intérieur le corps opérant » sur le Rhin.

» D'ailleurs, ce n'est pas devant Strasbourg qu'il est à redouter que l'armée envahissante vienne » franchir le Rhin, mais bien plutôt à Bâle, où le passage ne peut lui être aussi facilement disputé.

» Il est donc plus essentiel de pouvoir rapidement porter des masses défensives sur ce point, » que dans le Bas-Rhin, avec lequel, d'ailleurs, on va communiquer incessamment au moyen » du rail-way qui s'exécute entre Bâle et Strasbourg.

» Le chemin de fer de Paris à Mulhouse, par Dijon, présente, sous ces deux rapports, de » grands avantages sur une voie directe, de Paris à Strasbourg; de plus, il fournirait une partie » de la distance qui sépare Paris de Lyon, et permettrait, par cela même, au moyen d'embran- » chements, de porter des secours rapides sur cette partie de la frontière de l'Est et sur le Midi. «

. . . .

En résumé, le Comité est d'avis :

» 1.° Que, sous le rapport militaire, le chemin de Paris à Strasbourg, par Dijon, présente de grands avantages sur celui qui suivrait la ligne directe.

» 2.° Que, dans le cas où l'on se déciderait à exécuter l'un et l'autre de ces deux chemins, il convient d'adopter, pour la ligne directe, qui traversera les Vosges, le tracé le plus loin possible de la frontière du Nord. «

CHAPITRE III.

Considérations particulières et exposé des avantages du chemin de fer pour les départements traversés.

En 1831, la société industrielle de Mulhouse s'est occupée de rechercher les causes de l'infériorité relative dans laquelle se trouvait l'industrie coton-nière du Haut-Rhin et des moyens de les faire cesser ou de les atténuer autant que possible. Le comité du commerce de la société attribua cette infériorité, comparée aux avantages dont jouit la Seine inférieure et notamment Rouen, à la position géographique du Haut-Rhin, placé à l'extrême frontière et éloigné des centres de vente et de consommation.

En effet, le Haut-Rhin est principalement producteur, d'où résulte que son contact avec une frontière hérissée de barrières l'oblige à chercher des foyers de placement dans l'intérieur, à Paris, à Lyon et autres places importantes.

Toute une moitié du cercle de consommation n'existe pas. Cette position désavantageuse influe d'une manière nuisible sur la prospérité industrielle du pays.

Indépendamment du développement plus considérable de capitaux qu'elle exige, et par conséquent de pertes plus grandes d'intérêts, le fabricant du Haut-Rhin, à cause de la grande distance qui le sépare des lieux de vente, ne peut obtenir des renseignements assez rapides pour établir la production selon le goût des consommateurs. Lorsque ses marchandises arrivent à Paris ou à Lyon, il est trop tard pour modifier les prix et l'essor de la fabrication, en se formulant sur le plus ou moins de succès de la vente des objets; il suit de là que des marchandises accueillies avec faveur ne peuvent obtenir qu'une fabrication limitée, tandis que d'autres, contre lesquelles le goût s'est pro-noncé, continuent à se multiplier, sans qu'une révélation immédiate ne vienne mettre un terme à cette situation si fâcheuse.

Rouen se trouve dans une position bien plus favorable; sa proximité de Paris constitue principalement sa supériorité sur le Haut-Rhin. Des commis-sionnaires qui effectuent les achats sont constamment à Rouen, et, par leur entremise, les marchandises se vendent à la Halle au fur et à mesure de leur production. Si un article ne plaît pas, ou si la vente, en général, éprouve de l'atonie, la fabrication peut être arrêtée dans un instant. Comme par l'intermédiaire des commissionnaires, la faveur qui atteint un article est parfaitement et immédiatement connue, l'on peut y subordonner les prix de vente, la puissance et la nature de la fabrication.

Le manufacturier de Rouen n'a donc pas besoin d'autant de capitaux, attendu qu'il vend au fur et à mesure de la production, et qu'il a moins d'articles à sacrifier à la fin de la vente.

Le comité du commerce de la société industrielle de Mulhouse a pensé que le seul remède aux inconvénients attachés à la position excentrique du Haut-Rhin, consistait à le relier à Paris et à Lyon par un chemin de fer, afin de permettre à l'acheteur de se rendre fréquemment sur les lieux de la production, au producteur de communiquer facilement avec les centres de consommation, afin d'établir entre la vente et la fabrication cet équilibre si essentiel à la continuité de la prospérité commerciale, et sans laquelle, malgré tous les efforts du courage, de la science et du travail, l'on ne saurait éviter les excès de production qui sont une des plaies actuelles de l'industrie. La multiplicité et la rapidité des relations dont tout le monde reconnaît aujourd'hui l'utilité d'une manière plus ou moins vague et instinctive, sont pour la prospérité industrielle de l'est de la France une condition essentielle et absolue, dont dès 1831 la société industrielle de Mulhouse a fait ressortir logiquement l'importance et l'urgence.

Arrivage des matières premières.

Indépendamment des avantages inappréciables dont un chemin de fer reliant Paris, Lyon et Mulhouse, serait pour le régime industriel du Haut-Rhin, par l'instantanéité et la multiplicité des relations qui s'établiraient entre les foyers de fabrication et ceux de consommation, l'industrie y trouverait un autre intérêt de la plus grande importance par la facilité des arrivages des matières premières et de l'expédition des objets manufacturés.

La plupart de ces objets, qui aujourd'hui sont envoyés à destination par la voie des messageries, emprunteront le chemin de fer et pourront être livrés à la vente presque au sortir des ateliers de fabrication.

Quant aux matières premières, qui aujourd'hui arrivent sur essieux ou sur bateaux, quoique les frais de transport y soient moins élevés qu'ils ne le seront sur le chemin de fer, elles emprunteront cette dernière voie dans une foule de circonstances.

Nous avons exposé dans la note première, annexée à ce mémoire, les principes en vertu desquels s'opère le mouvement sur les différentes voies de communication : routes de terre, voies navigables et chemins de fer. Il en résulte que le transport des matières premières s'effectuera de préférence sur les voies navigables, à cause du moindre prix et des frais de traction et de l'unité de poids de ces matières.

Mais il arrive fréquemment, et c'est un des grands vices attachés aux communications par eau, qu'elles subissent des chômages pour cause de réparations et de travaux; qu'elles éprouvent des interruptions par suite des sécheresses et des hautes eaux. A ces époques qui, malheureusement, sont trop fréquentes sur les rivières et les canaux, les transports cessent, et cependant la fabrication continue qu'exige toute industrie bien ordonnée, commande des arrivages certains et continus de la matière première. Les chemins de fer seuls peuvent procurer cette continuité et remplacer les voies navigables.

Aujourd'hui, aux approches de l'hiver, qui est une saison morte pour la navigation, les fabricants du Haut-Rhin ont soin de faire des approvisionnements de matières premières en suffisante quantité pour alimenter leurs ateliers. Mais cette opération exige des placements de capitaux considérables qui ne produisent pas d'intérêts; elle oblige les producteurs à subir les exigences des vendeurs aux époques où ces derniers peuvent impunément leur faire la loi. De là naissent des spéculations plus ou moins aventureuses qui frappent l'industrie et la paralysent.

Ainsi, que l'hiver soit plus long que de coutume, et que le fabricant, avant l'ouverture de la navigation, vienne à épuiser ses matières, il est à la merci de quelque spéculateur qui, plus heureux ou plus habile que lui, a des magasins bien approvisionnés.

Dans ces circonstances, la possibilité d'avoir rapidement ces matières est d'un immense avantage, et l'augmentation des frais de transport par les chemins de fer disparaît devant la nécessité où l'on se trouve et devant les prix exagérés des spéculateurs.

Pour un pays doté d'une richesse industrielle aussi puissante que le Haut-Rhin, qui emploie au delà de 10,000 chevaux dynamiques (note 3), la facilité d'avoir des matières premières, lorsque le besoin s'en fait sentir, est d'un avantage inappréciable.

Ainsi, nous prendrons pour exemple la houille que consomment les machines à vapeur fixes, le chauffage et les autres besoins industriels.

En 1836, l'on employait dans le Haut-Rhin 901 chevaux-vapeur, qui consommaient moyennement 50 kilogrammes de houille par jour, et par an. . . . . 13,515,000 k.

Le chauffage et les autres usages absorbent une quantité
annuelle de houille de 85,285,000

Total de la consommation. . . . . 98,800,000 k.

Ces 98,800,000 kil. de houille, à raison de 5 fr. les 100 kil., exigent un
capital d'environ 5,000,000 fr.

Indépendamment de ces 98,800,000 kil. de houille qui arrivent au port de
Mulhouse par le canal du Rhône au Rhin [1], il reçoit, en articles de teinture,
produits chimiques, épiceries, droguerie et mercerie, provenant du Midi,
une valeur annuelle de . . . . 7,000,000 k.

En vins, eaux-de-vie, vinaigre, liqueurs, etc., provenant
du Midi, ci. 3,230,000

Report. 98,800,000

En conséquence, le mouvement commercial du seul port
de Mulhouse avec le Midi est de . . . . 109,030,000 k.

tandis que le tonnage total n'est que de . . . . 187,000,000 k.
(Note 4.)

Si l'on considère que le chemin de fer de Mulhouse à Dijon traversera le
département de la Haute-Saône, si riche en fers et en fonte, qu'il permettra
de transporter en toute saison dans le Haut-Rhin les houilles de Rive-de-Giers,
de Montchanin, d'Épinac, de Blanzy, de Ragny, de Saint-Étienne, de Theu-
ret, et qu'ainsi l'industrie pourra établir une concurrence entre ces houilles
et celles de Sarrebrück, et par conséquent les obtenir au meilleur marché
possible; que par là elle pourra se passer de ces dernières houilles, dont la
seule volonté du gouvernement prussien peut interdire l'exportation, l'on
comprendra quel immense intérêt le département du Haut-Rhin attache à
l'exécution de ce chemin.

Infériorité commerciale de l'industrie française.

Mais cet intérêt du Haut-Rhin, quoique fondé sur les avantages que chaque
fabricant peut en retirer, doit-il être considéré comme un égoïsme local dont

---

1 Cette quantité de 98,800,000 kilogrammes de houille est celle qui arrive par le canal du
Rhône au Rhin. Mais une certaine partie du département du Haut-Rhin, notamment celle qui est
comprise entre Colmar et Mulhouse et qui s'étend au pied des Vosges, reçoit les houilles sur essieux
de Sarrebrück.

l'État ne doive pas s'occuper? Une pareille pensée ne peut être avouée par personne. Le mouvement et le progrès de l'industrie du Haut-Rhin intéressent la France entière, parce qu'ils augmentent sa prospérité matérielle et son influence morale; parce qu'ils fondent le bien-être matériel sur le travail intelligent, l'unique source de bonheur et de tranquillité pour les individus et pour les nations. Napoléon comprenait la puissance de l'industrie lorsqu'il la favorisait de tout son pouvoir; il comprenait l'intelligence de ces travailleurs du Haut-Rhin, lorsqu'il ouvrait un crédit sur le trésor public à l'un de nos plus honorables industriels, afin de le mettre à même de soutenir son établissement naissant, qui depuis est devenu le foyer d'où sont sorties les nombreuses et magnifiques usines qui couvrent le département, et qui, par la beauté de leurs produits, surpassent tout ce que l'Angleterre a de plus recherché.

L'industrie cotonnière de la France, notamment celle du Haut-Rhin, produit aussi bien que l'Angleterre. La plupart des autres industries sont dans le même cas; il y a malheureusement une seule exception, celle du traitement du fer, dans lequel nous sommes encore bien loin de nos rivaux.

Ce qui constitue notre infériorité commerciale, c'est le haut prix de nos produits, et ce haut prix résulte principalement de l'élévation des matières premières, qui ne peuvent arriver dans les usines de production que grevés de frais de transport énormes.

L'Angleterre, surtout pour les objets de luxe, est loin de nous atteindre; elle excelle dans les articles vulgaires, d'un usage général, et c'est à cette organisation de son travail qu'elle doit sa supériorité. Elle la doit encore, et comme corrélation, à ce que tous les marchés du monde lui sont ouverts, et qu'elle trouve ainsi des placements immenses pour ses manufactures. La France, pas plus qu'aucune nation continentale, ne peut rivaliser avec elle dans ce moment, parce que ses matières et ses objets manufacturés sont transportés presqu'à vil prix sur ses canaux, sur ses chemins de fer, et qu'ainsi, indépendamment des procédés économiques de fabrication qu'elle emploie et de la parfaite intelligence du travail qu'elle possède, ses marchandises reviennent à meilleur marché que celles de la France.

Quand un marché est fermé à l'Angleterre par suite d'une concurrence partielle et inattendue, elle a ses vastes colonies où elle verse ses produits, tandis que la France est obligée de les consommer elle-même.

Besoin de voies de communi-cation.

A tous ces désavantages, que faut-il opposer? On l'a dit depuis longtemps et on le répète chaque jour : des voies de communication faciles, sûres, rapides et économiques. L'on comprend à peine que le département du Haut-Rhin puisse rivaliser dans certaines circonstances avec l'Angleterre, lorsque les 100 kilogrammes de houille reviennent de 5 à 6 francs, tandis qu'en Angleterre ils ne valent pas 1 franc! Combien de prodiges dans l'industrie ne ferait donc pas l'intelligence des travailleurs français, s'ils étaient dans des conditions favorables?

Il est un autre désavantage qui frappe l'industrie française, et notamment celle de l'Alsace, et auquel on ne peut remédier que par des voies de communication économiques, c'est l'emploi des machines à vapeur.

Une enquête faite dans le Haut-Rhin en 1836[1] par ordre du conseil général du département, a constaté ces faits importants :

1.° Que l'établissement d'un cheval-vapeur coûtait autant que celui d'un cheval hydraulique, c'est-à-dire moyennement . . . . 2400^f y compris la pose, la cheminée et les accessoires, pour le moteur à vapeur; la pose, les coursiers, les vannages pour le moteur hydraulique.

2.° Que l'entretien d'un cheval-vapeur, par an, était moyennement de 1347^f y compris la houille, la graisse, le suif, l'huile, le chanvre, les frais de gouverne, tels que salaires des chauffeurs et des soigneurs, enfin l'intérêt et l'amortissement du capital.

3.° Que, si le revenu annuel d'un dyname à vapeur était de . . . 240^f celui d'un dyname hydraulique est de. . . . . 700 c'est-à-dire, que le premier était au second comme 1 est à 3, en tenant compte des chômages forcés du moteur hydraulique, des pertes d'intérêts, de celles résultant de la privation des bénéfices, etc.

Il résulte de là que l'industriel qui emploie un moteur hydraulique, a, toutes choses égales d'ailleurs, un avantage trois fois plus grand que celui qui a recours à une pompe à feu, par ce qu'il réalise une économie triple sur les frais du moteur. Ainsi, un industriel qui utiliserait une chute d'eau de la force de cent chevaux, dépenserait pour l'établissement du moteur une somme égale à celle qu'exigerait l'établissement d'une machine à feu de la

---

1 Cette enquête a été prescrite pour déterminer les bases de la contribution foncière à percevoir sur les usines et fabriques.

même force. Mais il ne dépenserait annuellement en entretien que   24,000[f]
tandis que la machine à vapeur exigerait une dépense de. . . . 134,000

L'on peut déduire facilement de là, qu'abstraction faite des circonstances accessoires qui favorisent le développement industriel, les localités où des moteurs hydrauliques pourront être employés de préférence, l'emporteront sur celles qui en sont dépourvues.

L'on en déduit aussi que la Suisse, qui, par sa proximité du Haut-Rhin, peut profiter facilement de l'expérience acquise par les industriels de ce département, qui, par la configuration de son sol, possède des cours d'eau à fortes pentes, que la Suisse tend à ravir au Haut-Rhin la fabrication dans laquelle il a fait de si grands progrès. Cette tendance existe, et par la puissance logique des intérêts, elle se réalisera, si l'on ne vient bientôt redonner la vie aux moteurs à feu du Haut-Rhin, en leur procurant de la houille à bon marché, par l'établissement de nouvelles voies de communication.

C'est dans cet intérêt que M. Ferdinand Kœchlin a eu l'idée en 1836 de faire construire un chemin de fer de Sarrebrück à Strasbourg, afin d'obtenir des houilles à bon marché. Les études en étaient faites, lorsque l'ouverture du canal de la Marne au Rhin a été décidée. En présence de ce fait nouveau, un embranchement du canal par la vallée de la Sarre jusqu'à Sarrebrück, exécuté aux frais du Gouvernement, devait faire renoncer au projet du chemin de fer à établir aux frais d'une compagnie; puisque dans le premier cas, les frais de transport jusqu'à Strasbourg, en admettant le tarif du canal du Rhône au Rhin, ne sont que de 17 fr. 52 c. par 1000 kilogrammes, tandis que dans le second cas ils sont de 19 fr. 50 c.

Lorsque M. Ferdinand Kœchlin s'occupait des études du chemin de fer des houillères, il a recueilli une promesse des industriels du Haut-Rhin, par laquelle ils s'engageaient à consommer une quantité de houille égale à 80,000,000 kilogrammes. Ce chiffre ne représente pas encore exactement celui de la consommation totale.

Aux avantages que nous venons de signaler en faveur du chemin de fer de Mulhouse à Dijon, il faut ajouter ceux qu'il procurerait aux départements traversés, et notamment à celui du Haut-Rhin, par le mouvement des marchandises en transit provenant du Hâvre, entre autres des cotons, dont la consommation pour ce seul département dépasse . . . . . . 3,000,000 k. qui sont ensuite réexpédiés dans l'intérieur, après leur conversion en tissus.

Le mouvement principal de cette matière a lieu vers Mulhouse et le Haut-Rhin, parce qu'ils sont le siége de la fabrication. Il est donc essentiel, non-seulement dans l'intérêt de l'industrie cotonnière du Haut-Rhin, mais encore dans celle du Hâvre, que les arrivages des cotons aient lieu le plus directement possible, c'est-à-dire par la ligne de Paris à Dijon et à Mulhouse.

Ce que nous disons est surtout vrai à l'égard de la Suisse, qui consomme, pour l'alimentation de son industrie, une grande quantité de coton. Or, cette matière arrive aujourd'hui dans la Suisse soit des ports de la Hollande par le Rhin, soit des ports d'Italie, soit par la voie de terre, du Hâvre. La tendance de s'approvisionner par la Hollande et l'Italie devient chaque jour plus grande, et elle ne peut être équilibrée, au profit du Hâvre, que par un transport plus direct, plus rapide et plus économique.

D'un autre côté, les approvisionnements de la Suisse en denrées du Levant et les exportations de l'industrie de cette contrée s'effectuent, dans ce moment, principalement par les ports de l'Italie, au détriment de ceux de la France et de la navigation maritime. L'on ne peut amener la Suisse à donner la préférence à nos ports, entre autres celui de Marseille, qu'en réunissant celui-ci par une ligne de fer à Bâle, laquelle plus tard se prolongera jusqu'à Zurich, et fera concurrence avec les rails-way dont les États de l'Italie, à l'instar des autres nations de l'Europe, s'empressent de couvrir leurs territoires. [1]

---

1 Nous devons les éléments mentionnés ci-dessus à M. Ferdinand Kœchlin qui les a accompagnés d'autres notes d'un intérêt d'autant plus grand qu'elles sont le résultat des consciencieuses recherches de cet honorable industriel et qu'elles embrassent la question sous leur véritable point de vue, celui de leur réalité et de leur application immédiate.

Nous citerons le passage suivant de sa communication qui a été insérée plus tard dans l'*Industriel Alsacien* du 14 novembre 1841 :

„D'après les journaux de la capitale et d'autres publications, le chemin de fer de Paris à Strasbourg aurait une longueur de 520 à 522 kilomètres. En ajoutant les 104 kilomètres de Strasbourg à Mulhouse, la distance de Paris à Mulhouse par Strasbourg serait de 624 kilomètres.

La distance de Paris à Dijon, d'après les études de M. Polonceau, est de . . . . 361 kil.

Celle de Dijon à Mulhouse, de 211

De Paris à Mulhouse par Dijon 572

Si, pour former en même temps tête de ligne sur Strasbourg, on suivait la vallée de l'Aube, l'embranchement sur Mulhouse aurait lieu à Thilchatel.

La distance de Paris à Thilchatel serait de . . . . 342 kil.

Celle de Thilchatel à Mulhouse, de 195

De Paris à Mulhouse par Thilchatel 537

Indépendamment des avantages commerciaux que retirerait le Haut-Rhin Avantages du chemin de fer projeté pour Strasbourg. d'une communication rapide avec le centre et le Midi de la France, le département du Bas-Rhin ne resterait pas insensible à ce mouvement.

Ainsi la ville de Strasbourg, nous l'avons déjà dit, a un intérêt immense à se relier avec Lyon et Marseille par un chemin de fer, comme elle l'est déjà par un canal. Ses relations avec le Midi sont estimées actuellement à un tonnage de 11,000,000, et elles consistent principalement en (note 5) denrées coloniales, produits chimiques, teintures, vins, esprits, etc.

En favorisant ces relations par l'établissement d'un chemin de fer, Strasbourg et le Bas-Rhin ne pourraient qu'y gagner, surtout en présence de la navigation à la remonte de la rivière du Doubs qui exige des frais de traction considérables, s'élevant à $0^f,20$ par 1000 kilogrammes et par distance de cinq kilomètres.

Quels sont les principaux débouchés du Hàvre dans la direction de l'Alsace? Ce sont incontestablement le Haut-Rhin et la Suisse; et comme déjà en ce moment Bâle reçoit des cotons par le Rhin, il doit importer au Hàvre d'arriver à ces débouchés par la voie la plus courte et avec le moins de frais possible. Or, le transport sur 624 kilomètres coûtera certainement plus cher que sur 572 ou 537 kilomètres.

Les tarifs pour marchandises sur les chemins de fer en France, vont généralement de 12 à 16 centimes par tonne et kilomètre. Si, comme on l'espère, le Gouvernement intervient pour partie des frais de construction, les tarifs pourraient être réduits; mais comme, d'un autre côté, ceux concédés sont trop bas, et qu'il convient d'encourager les compagnies exécutantes, je prendrai pour base, une moyenne de 15 centimes par tonne et kilomètre.

```
624 kil. de Paris à Mulhouse par Strasbourg, à 15 c. fr. 9 36 les 0/0 k.
572   =        =        =       par Dijon . . . . 15    = 8 58        =
537   =        =        =       par Thilchàtel . . 15   = 8 05        =
410   = de Mulhouse à Lyon . . . . . . . . . . 15        = 6 15        =
```

Comparaison des prix de transport actuels avec ceux par chemin de fer, ci-dessus.

	De Mulhouse à Paris.	De Paris à Mulhouse.	De Mulhouse à Lyon.	De Lyon à Mulhouse.
Diligence . . .	f. 22. = en 3 j.	36. = en 3 j.	20. = en 3 j.	25. = en 3 j.
Accéléré	16. = en 7 j.	20. = en 8 j.	10. = en 6 j.	16. = en 6 j.
Ordinaire . . .	8. 50 en 18 j.	11. 50 en 18 j.	7. = en 14 j.	8. 50 en 14 j.
Bateaux	= =	7. 50 en 60 j.	= =	5. = en 30 j.
Chemin de fer	8. 58 en 2 j.	8. 58 en 2 j.	6. 15 en 2 j.	6. 15 en 2 j.

Ainsi donc, au tarif de 15 centimes, le chemin de fer transportera, en 2 jours, à meilleur marché que le roulage ordinaire ne transporte aujourd'hui en 14 et 18 jours. Ce sont là des

Avantages du chemin de fer pour la Haute-Saône.

Les avantages que la ligne projetée présente au département de la Haute-Saône sont des plus puissants, et ils intéressent à un haut degré la France entière.

Il est incontestable qu'il serait d'un grand intérêt général de relier le Rhin et la Saône par une communication facile. Le Rhin, par la navigation à vapeur, unit entre elles toutes les rives qui le bordent depuis Rotterdam jusqu'à Bâle, et établit des relations fréquentes et commodes entre la Suisse et le duché de Bade, la Prusse et la Bavière rhénane, les Pays-Bas et l'Angleterre. D'un autre côté la communication future avec le Danube par la Kintzig, qui fera de la ville de Strasbourg l'entrepôt des marchandises de la Bavière, du Wurtemberg, de l'Autriche, de la Turquie et de tout l'Orient, activera considérablement le mouvement de la navigation de ce fleuve. Quant à la Saône, son rôle sera aussi bientôt d'une grande importance, attendu qu'elle doit être mise en communication avec la Marne, la Meuse et la Moselle, conformé-

---

chiffres que chacun peut vérifier. Que les maisons du Haut-Rhin seulement, voient ce qu'elles expédient et reçoivent annuellement par diligence et accéléré, et la différence que cela leur fera.

Le Haut-Rhin fabrique annuellement au delà de 800,000 pièces d'étoffes, du poids d'environ trois millions de kilogrammes; elles s'expédient en majeure partie sur l'intérieur. Il reçoit une quantité plus forte de cotons. A cela il faut ajouter une masse de drogues et d'articles venant du Hâvre et de Paris, ceux venant de Lyon par voiture, et ceux qui, vu la célérité, viendront par le chemin de fer au lieu d'aller par bateau, soit à cause des chômages, des coulages ou de la longueur du trajet. On compte que, sur le total des marchandises qui viennent du Midi à Lyon, en destination des routes de Paris et d'Alsace, les deux tiers vont contre l'Alsace et un tiers seulement contre Paris. Il faut encore ajouter le mouvement en marchandises des places intermédiaires entre Mulhouse et Dijon. Toutes les soieries et les autres objets de Lyon, Saint-Étienne, Nimes, etc., pour l'Allemagne, prendront le chemin de fer. Grande partie des marchandises fabriquées que la Suisse expédie dans le Levant par les ports d'Italie, prendront la direction de Marseille; il en sera de même des provenances du Levant en destination pour la Suisse : ce chemin fera concurrence à ceux Austro-Italiens qui se construisent. Les marchandises suisses, en destination pour l'Amérique, passeront par le Hâvre, au lieu de descendre le Rhin, comme cela se fait de plus en plus. Je ne crois pas qu'il y ait un chemin de fer projeté en France, qui, pour les marchandises, donne la certitude d'un mouvement aussi important que celui qui s'effectuerait par l'embranchement de Dijon à Mulhouse. Quant aux voyageurs qui parcourront la ligne, il serait difficile d'en faire une estimation exacte; mais l'expérience a démontré que la création de nouvelles communications amène le mouvement des populations, et le nombre des voyageurs sur les chemins de fer a toujours dépassé les prévisions. Le Haut-Rhin, avec ses nombreux établissements qui attirent des acheteurs, les communications entre Paris, le Haut-Rhin et la Suisse, entre le Midi, la Suisse et l'Allemagne, tous ces éléments garantissent que le mouvement sera au moins aussi fort que sur la plupart des chemins de fer projetés.«

ment aux projets de M. l'ingénieur en chef Lacordaire, et qu'elle sera alors le passage le plus court et le plus facile de la Méditerranée vers l'ouest et le nord de la France, vers la Belgique et même vers l'Angleterre. Déjà aujourd'hui la Saône présente une activité commerciale très-puissante, tant par les arrivages des produits coloniaux qui, de Marseille remontent le Rhône et la Saône, que par le mouvement d'échange qui s'opère entre les produits du Midi, d'une part, et ceux du Nord, d'autre part.

Ainsi le port de Gray avait, en 1836, une activité commerciale de 200,000,000 kilogrammes; cette activité s'est accrue depuis cette époque, tant parce que les relations se sont multipliées, qu'à cause des perfectionnements partiels que la rivière de la Saône a subis, par suite des travaux que le Gouvernement y a fait exécuter et qui se poursuivent dans ce moment.

Ces travaux ont pour but d'établir d'une manière permanente une navigation par la vapeur sur la Saône, entre son embouchure dans le Rhône et Gray. Cette navigation jusqu'à présent n'a été que précaire; mais elle sera assurée à tout jamais pour toutes les saisons et aux époques de l'étiage, après l'exécution des travaux en cours de construction.

Au-dessus de Gray, jusqu'à Port-sur-Saône, la navigation s'améliore également, mais seulement dans l'intérêt du transport des marchandises; les bateaux à vapeur ne devant pas dépasser le port de Gray.

Ce prolongement de la navigation jusqu'à Port-sur-Saône est d'un immense intérêt pour le commerce en général, à cause du grand nombre de provenances des départements de la Marne, de la Haute-Marne et des Vosges, qui empruntent cette voie pour se verser dans le Sud, et de celles de la Méditerranée et du Midi de la France qui s'exportent dans le Nord et l'Est.

Les marchandises provenant du Nord et de l'Est et qui sont descendues vers le Midi, sont en bien plus grand nombre que celles qui remontent : elles consistent principalement dans les bois de service et de marine des Vosges; dans les merrains des Vosges et de la Haute-Saône; dans les sels des salines de l'Est; dans les fayenceries et verreries de la Haute-Saône et de la Lorraine; dans les fers, fontes et minerais de la Franche-Comté, de la Bourgogne et de la Lorraine; dans les grains et farines des mêmes provinces; dans les vins de la Bourgogne et dans d'autres articles de diverses natures. Les provenances du Midi se dirigeant vers le Nord, consistent en houilles du Forez et de Blanzy; en sels et produits chimiques, en épiceries, huiles et vins.

Le tonnage des marchandises à la remonte est à celui des marchandises à la descente, à peu près dans le rapport de 1 à 2 (note 6).

Tous ces produits sont aujourd'hui entreposés à Gray qui, par là acquiert une immense importance qui ne peut que s'accroître par l'effet des améliorations que subissent les voies de transport.

Port de Gray. Son importance.

Cette importance du port de Gray se résume en un tonnage annuel de plus de 200,000,000 kilogrammes, ainsi que nous l'avons déjà dit, tandis que celui du port de Mulhouse n'est que de . . . . 187,000,000 k. et celui du port de Strasbourg, de. 42,000,000

Ce mouvement du port de Gray occupe annuellement 2000 bateaux à charge moyenne de 100,000 kilogrammes.

Ce nombre sera réduit à moitié lorsque les améliorations en cours de construction dans la Saône seront terminées, attendu que les bateaux pourront alors naviguer à charge entière de 200 tonneaux métriques.

Le chemin de fer projeté étant destiné principalement à verser sur le Haut-Rhin les provenances du commerce français, on doit admettre qu'il offrira d'autant plus d'avantages qu'il atteindra la Saône le plus haut possible, par la raison que les marchandises provenant du Nord, de l'Est et de l'Ouest de la France sont en plus grand nombre que celles du Midi.

Mais le choix du point où le chemin de fer devait toucher à la Saône ne pouvait être douteux, à cause de l'importance toujours croissante de Gray, importance qui est telle qu'elle peut être mise en parallèle avec celle des principaux ports de l'intérieur.

Le port de Gray a donc été et a dû être pour nous un point de sujétion du premier ordre.

Cette sujétion résulte de l'intérêt général que présente la magnifique position de ce port situé sur une des rivières les plus fécondes de la France en transcactions commerciales, intérêt que l'exécution du chemin de fer doit avant tout satisfaire, favoriser et développer le plus possible; elle résulte encore de l'intérêt particulier que cette position offre au chemin de fer lui-même pour son alimentation en voyageurs et en marchandises. Il est évident que, moyennant la navigation à vapeur qui reliera incessamment Lyon, Châlons-sur-Saône, Auxonne et Gray; moyennant le mouvement commercial immense de ce dernier port, le chemin de fer de Gray à Mulhouse, dût-il se borner à ce tronçon et ne pas se prolonger sur Paris et sur Lyon, trouverait en lui-même des ressources suffisantes pour le faire vivre et pour le mettre au rang des lignes les plus importantes.

Le chemin de fer par Vesoul et Gray, présente sous le rapport général, des avantages incontestables. Il serait en contact immédiat avec cinq grandes voies d'eau : celle du Midi par le Rhône; celle de l'Ouest par la Loire, les canaux d'Orléans, de Loing et de Bourgogne, la Seine et la Marne; celle du Nord par la Seine et la Marne; et enfin celle du Nord-est et de l'Est par la Meuse et la Moselle, dont les projets de jonction ne peuvent tarder de s'exécuter. Ces voies alimenteraient de leurs provenances le chemin de fer une fois qu'il serait établi, et développeraient une activité dont il est impossible de prévoir l'importance et le terme.

Indépendamment des avantages spéciaux qu'offrirait le chemin de fer au port de Gray, il en développerait d'aussi puissants pour le reste du département, dont il touche les points les plus importants.

Le département de la Haute-Saône se fait remarquer non-seulement par l'activité commerciale de Gray et par les échanges entre le Nord et le Sud dont ce port est le centre, mais aussi par ses richesses agricoles, métallurgiques et minéralogiques, ainsi que par son développement industriel dans le traitement du fer. Ce département est principalement riche en forêts et en terres à blés, ensuite en prairies et en vignes. Les différentes portions de sa surface totale, qui est de 530,260 hectares, peuvent être représentés approximativement par les nombres suivants :

Terres labourables	45
Bois	34
Prairies	10
Terres vagues et landes	5
Vignes	3
Habitations, jardins, étangs, marais, chemins et cours d'eau	3
Total	100.[1]

Ainsi, près de la moitié du département, c'est-à-dire 238,617 hectares de terrain sont couverts de bois, dont l'exploitation et la vente, jointes à celles

---

1 Extrait de la statistique minéralogique et géologique du département de la Haute-Saône, par M. Thirria, ingénieur en chef des mines. Nous avons également tiré de cet excellent ouvrage les renseignements qui suivent sur la richesse industrielle du département.

des bois des Vosges dans les environs de Belfort, constitueraient une ressource
certaine pour l'alimentation du chemin de fer et pour la consommation des
usines de l'Alsace et des départements méridionaux.

Les blés que le département récolte en si grande abondance seraient également une source de revenus pour le chemin de fer, en même temps qu'ils
serviraient à équilibrer, dans l'occasion, les productions en grains des différentes provinces traversées.

Richesse
métallurgique
de la
Haute-Saône.

Le tracé que suit le chemin de fer projeté traverse ou touche les riches et
nombreux gîtes de minerais de fers diluvien, oolithique et pisiforme, que
le département renferme et qui sont fort recherchés, surtout les derniers,
lesquels donnent des fers et des fontes estimés parmi les meilleurs produits
français.

Les différentes minières de fers diluviens en exploitation fournissent annuellement. . . . . 20,500,000 k.
de minerai propre à la fusion, lequel est consommé par les
hauts fourneaux du département et par ceux des départements
voisins.

Les minières de fer pisiforme fournissent annuellement. . 60,000,000
de minerai, lequel est également mis en fusion par les hauts
fourneaux de la Haute-Saône et des départements voisins.

Les minerais de fer oolithique ne fournissent que 10,700,000

De sorte que la production totale du département en minerais de fer est de . . . . 91,200,000 k.
dont 60,000,000 kil. de minerais de la meilleure qualité.

A quoi il faut ajouter les minerais de manganèse de Frasne-
le-Château et de Vaux-le-Moncelot, qui s'expédient principalement en Alsace et qui s'élèvent à 35,000

Total de la richesse métallurgique . . . . 91,235,000 k.

Les gîtes de minerais de fer en exploitation sont en grand nombre. Ils se
trouvent : 1.º pour le fer diluvien, dans les cantons de Gy, Scey-sur-Saône,
Rioz, Champlitte, Vesoul, Héricourt, Vauvillers, Villersexel, Montbozon,
Jussey, Noroy-l'archevêque et Saulx; 2.º pour le fer pisiforme, dans les can-
tons d'Autrey, Pesmes, Marnay, Gray, Fresnes-Saint-Mamès, Dampierre-sur-
Salon, Scey-sur-Saône et Montbozon; 3.º pour le fer oolithique, principale-

ment dans les communes de Percey-le-grand, de Vellefaux, de Calmoutier et d'Oppenans.

Or, le chemin de fer projeté parcourt la longue zone de terrain moderne qui occupe le plateau compris entre Vesoul, Gray et la limite de la Côte-d'Or et du Jura, et qui contient les nombreuses minières de fers pisiforme et diluvien dont nous venons de constater l'importance.

Il touche à Gray, à Mantoche, à Apremont et à Cecey, les principaux et les meilleurs gîtes de minerais, ceux d'Autrey et du canton de Pesmes.

De plus, le tracé est établi à travers le terrain moderne des Baties, de Sept-Fontaines, de Saint-Gaud, de Sainte-Reine, d'Igny, qui contient des minerais de fer pisiforme non exploités, que les tranchées à effectuer mettront à nu, entre autres au passage du col de Savary. L'on passe directement par les nombreuses minières de la Chapelle-Saint-Quillain, de Vellemoz, etc.

Le tracé projeté a encore l'avantage de longer la Saône, où existent de nombreuses usines à fer; de traverser l'arrondissement de Gray où se trouvent 24 hauts fourneaux; d'être en communication directe avec les cours d'eau du Durgeon, de la Baignotte, de la Romaine, de la Morte, de l'Échalonge, des Écoulottes, de la Lizianne, du Masibey, de la Reigne, du ruisseau de Vy-le-Ferroux, de la Sous-froide, etc., qui alimentent des usines à fer, des patouillets, etc.; enfin, de se relier médiatement avec la plupart des autres usines du département, celles du Salon, de la Lanterne et de l'Oignon, du Rahin, de la Sémouse, etc.

La ligne passe à proximité des gîtes houillers de Ronchamp et de Champagny, qui fournissent moyennement . . . . 1,750,000 k. de combustible qui se verse dans les usines de la Haute-Saône, des Vosges et du Haut-Rhin.

La position excentrique de ces mines, en dehors des voies navigables, diminue considérablement les avantages qu'elles pourraient offrir à l'industrie. Le chemin de fer transporterait en conséquence ce combustible sans aucune concurrence, et les exploitations, aujourd'hui en souffrance, pourraient être reprises avec plus d'activité.

En passant par Belfort, le chemin projeté dessert la vallée de la Savoureuse, les usines qui s'y élèvent, et entre autres celles de Giromagny, les hauts fourneaux de Belfort et des environs, les houillères de Courcelles et de Gouhenans.

Pour la place de Belfort elle-même, le chemin, indépendamment des hautes considérations stratégiques que nous avons traitées dans le second chapitre, offre un immense intérêt sous le point de vue commercial.

En effet, la ville de Belfort, placée au contact de sept grandes routes qui la rendent le point de réunion des produits de la Bourgogne, de la Franche-Comté, de la Lorraine, de la Suisse et de l'Allemagne; située au point des Vosges où cette chaîne s'abaisse et se déprime pour ouvrir un passage entre les régions du Rhin, celles de l'Ouest et du Midi de la France; cette ville est destinée à acquérir une grande importance commerciale, qui se serait déjà développée sur une plus grande échelle, si des voies de communication commodes et économiques l'eussent rattachée d'une part à la Saône, d'autre part au Rhin.

<table>
<tr><td>Avantages du chemin de fer pour le département de la Côte - d'Or et pour la ville de Dijon.</td><td>Les avantages que retirerait le département de la Côte-d'Or, et la ville de Dijon en particulier, de deux communications, l'une du Hâvre à Marseille, et l'autre du Hâvre à Strasbourg, qui se croiseraient sous ses murs, sont trop évidents pour que nous ayons à les discuter.</td></tr>
</table>

En devenant le point d'intersection de ces deux grandes lignes, la ville de Dijon acquerrait une importance qui ne saurait être balancée par celle d'aucune autre cité, puisqu'elle se trouverait dans une position tout exceptionnelle et sans exemple.

Déjà, dans ce moment, une grande partie des provenances du Midi et du Sud-Est qui transitent par Lyon, se dirige par Dijon vers l'Est et le Nord. Quand le chemin de fer aura relié la ville de Dijon aux extrémités du royaume, qu'elle communiquera avec le Rhin, avec la mer du Nord et la Méditerranée, ses relations se multiplieront à l'infini, tant par le transit des marchandises provenant de l'Ouest et qui se verseront au Nord, au Sud et à l'Est, que de celles qui viendront du bassin du Rhin, de l'Allemagne et de la Suisse, et qui s'épancheront à l'Ouest. La vente des produits indigènes du département acquerra nécessairement un grand développement pour tout ce qui concerne les grains, les vins, les esprits, les fers, les fontes et les minerais dont le département de la Côte-d'Or abonde et dont la qualité est si supérieure.

CHAPITRE IV.

Conditions générales du tracé, nature et disposition des ouvrages.

Le chemin de fer de Dijon à Mulhouse, se reliant à celui de Dijon à Paris Principes. et à Marseille, est une ligne du premier ordre, dont les dispositions du tracé doivent satisfaire aux conditions d'une grande vitesse et d'une facile exploitation. Les intérêts stratégiques, aussi bien que les intérêts civils, l'exigent impérieusement.

La condition de grande vitesse est des plus importante. Le chemin de Mulhouse à Dijon devant établir la communication entre Paris et Strasbourg par un trajet plus long que la voie directe, et cette dernière voie devant probablement être ajournée, il est essentiel que la ligne par la Bourgogne opère le transport des voyageurs avec la plus grande vitesse possible, afin que la ville de Strasbourg et tout le département du Bas-Rhin puissent en profiter avec tous les avantages désirables. Si l'on admet une vitesse de 40 kilomètres par heure, le retard qu'éprouvera Strasbourg à se rendre à Paris ne sera que de trois heures sur la voie directe qui est de 118 kilomètres plus courte. Ce retard est inappréciable, puisque dans le courant de la journée, l'on fera le trajet complet qui sera de 678 kilomètres ou de 17 heures.

Plus les lignes sont longues, plus les intérêts qui en profitent sont considérables, par conséquent plus la vitesse de transport doit augmenter.

Pour satisfaire à cette condition de grande vitesse, il faut que les courbes qui raccordent les alignements rectilignes aient de très-grands rayons; que les rampes et les pentes aient des inclinaisons minima; que les souterrains soient rares et courts.

Il faut aussi qu'une ligne du premier ordre soit d'une exploitation facile, c'est-à-dire économique, sûre et à l'abri des accidents. Pour cela, il est nécessaire encore que les courbes soient à grands rayons, qu'elles ne soient pas longues et qu'elles ne se suivent pas d'une manière continue en forme de sinusoïde. Le matériel d'exploitation est considérablement détérioré par le parcours des courbes à petits rayons, lorsque la vitesse est tant soit peu considérable. Ce dépérissement augmente surtout lorsque les courbes à courts rayons sont continues, de manière à ce que des convois de quinze voitures occupent deux ou trois courbes alternativement convexes et concaves. Dans ce dernier cas la traction opérée par le moteur, agissant obliquement sur les voitures, tend à les faire sortir de la voie et à causer des accidents.

Nous avons tâché de baser notre projet sur ces principes fondamentaux.

Tracé des courbes. Nous avons évité les courbes autant que possible et nous ne les avons admises que dans des cas d'absolue nécessité, lorsqu'il s'agissait de raccorder deux alignements qui, par la configuration du terrain, ne pouvaient se prolonger.

Lorsque, par la force des choses, il nous a fallu souder deux courbes l'une à l'autre, nous leur avons donné de très-grands rayons, afin de ne pas augmenter les frais de traction. Les exceptions n'ont lieu qu'aux abords des stations, où elles sont sans inconvénients.

Le minimum des courbes de notre ligne est de 600 mètres.

L'Administration admet, dans les cahiers des charges imposées aux compagnies, des minima de 500 mètres. Nous ne les avons pas dépassés. Mais il est évident que l'Administration, en posant cette limite minimum, a voulu l'établir comme une exception dont il ne fallait profiter que dans les cas d'absolue nécessité, lorsqu'il s'agit, par exemple, d'éviter de fortes dépenses, ou lorsqu'on arrive aux abords d'une station où la vitesse de la marche diminue pour devenir nulle. Il est évident aussi qu'elle n'a pu entendre qu'un chemin de fer, sur une grande partie de son parcours, serait basé sur cette exception, c'est-à-dire, qu'il serait composé de courbes continues à rayons minima. Un pareil chemin ne saurait être susceptible d'une exploitation facile et à grande vitesse.

Les Belges l'ont bien compris dans la construction récente de leur chemin de fer de Liége à Aix-la-Chapelle, par la vallée de la Vesdre. Cette vallée, comme celles du même ordre, est très-étroite et présente une suite continue d'escarpements qui forment saillie dans les anses du cours d'eau qui occupe le thalweg, et qui la barrent alternativement dans un sens ou dans un autre, de manière à ne laisser entre leurs extrémités et la rive opposée qu'une faible largeur.

Les Belges avaient songé d'abord, pour économiser les frais de construction, à tracer leur chemin de fer dans le fond de la vallée, et à contourner successivement chaque contrefort par une courbe. Mais, comme cette disposition eut exigé une série de courbes à petits rayons, formant une sinusoïde continue dont l'exploitation eût été fort difficile, pour ne pas dire impossible, ils ont résolu, avec raison, de couper les contre-forts et de les traverser au moyen de souterrains. Ils ont ainsi construit dix-huit souterrains. La dépense d'établissement a été, sans doute, plus considérable, mais aussi ils ont construit un chemin à grandes courbes, sur lequel le service pourra se faire avec vitesse et avec sûreté; de sorte, qu'en balance, ils obtiendront une économie, et ils auront construit un chemin meilleur que celui qu'ils avaient projeté d'abord.

TABLEAU DU TRACÉ EN PLAN.

PARTIES COURBES.																	P.DROITES.		LONGUEUR
RAYONS de 600 à 750ᵐ		RAYONS de 750 à 900		RAYONS de 900 à 1500.		RAYONS de 1500 à 2000.		RAYONS de 2000 à 2500.		RAYOTS de 2500 à 3000		RAYONS de 3000 à 4000.		RAYONS de 4000 à 6000.					TOTALE.
Nombre.	Développement.	Nombre.	Développement.	Nombre.	Développement.	Nombre.	Développement.	Nombre.	Développement.	Nombre.	Développement.	Nombre.	Développement.	Nombre.	Développement.	Nombre.	Développement.	
1.ʳᵉ Section. De Mulhouse à Belfort.																			
꞊	꞊	1	1030 00	23	15790 00	1	690 00	2	1720 00	꞊	꞊	꞊	꞊		꞊	23	28782 00	48012 00
2.ᵉ Section. De Belfort à Vesoul.																			
꞊	꞊	2	1578 00	34	17627 00	2	2255 00	-	꞊	꞊	꞊	꞊			꞊	35	38447 80	59907 80
3.ᵉ Section. De Vesoul à Gray.																			
1	1589 00	꞊	꞊	6	6672 60	4	6221 57	3	4104 56	꞊	꞊	6	8803 32	1	1605 68	19	25215 32	54212 05
4.ᵉ Section. De Gray à Dijon.																			
1	276 33	1	668 15	2	2717 90	꞊	꞊	8	9414 47	1	1419 00	꞊	꞊	2	1901 93	15	32568 39	48966 17
2	1865 33	4	3276 15	65	42807 50	7	9166 57	13	15239 03	1	1419 00	6	8803 32	3	3507 61	92	125013 51	211098 02

De ce tableau l'on déduit:

Que le développement total du chemin de fer étant de. . . 211,098ᵐ,02
celui des parties rectilignes est de . . . . 125,013 ,51
et celui des parties curvilignes de . . . . 86,084 ,51
c'est-à-dire que les parties droites sont aux parties courbes comme 1,453 est à 1.

L'Administration admet comme maximum des pentes et des rampes des chemins de fer, des inclinaisons de 0ᵐ,005 par mètre. Nous nous sommes efforcés de ne pas atteindre cette limite. Le maximum des inclinaisons de notre projet est de 0ᵐ,0045 par mètre, sauf une seule exception; la montée

Pentes et rampes.

du col de Savary (profils n.ᵒˢ 147, 181, 4.ᵉ section) où nous avons admis une pente de 0ᵐ,005 sur une longueur de 5428ᵐ,23, pour éviter de trop fortes tranchées dans un terrain sablonneux et mobile qu'il faut soutenir par des pérés ou des murs.

Nous nous sommes attachés à ne donner que de faibles inclinaisons, afin de ne pas ralentir la vitesse.

Dans les cas où il fallait franchir un col, nous avons ménagé au sommet un palier horizontal, afin que les convois montants pussent acquérir une certaine vitesse avant de descendre.

Dans le cas contraire, lorsqu'il s'agissait de franchir un vallon, nous avons soudé immédiatement, sans palier, la rampe et la pente, afin que les convois descendants profitassent de leur vitesse acquise pour monter la rampe opposée.

Nous sommes parvenus à éviter le plan incliné qui paraissait nécessaire à priori, pour remonter de Mulhouse au point culminant du passage des Vosges. Ce plan incliné eût été indispensable si l'on eût suivi le tracé du canal du Rhône au Rhin, avec des pentes de 0,004 et de 0,0045.

TABLEAU DU TRACÉ EN PROFIL.

| PENTES | | | | | | | | RAMPES | | | | | | | | PARTIES | | LONGUEUR |
| de 0 à 0,002. | | de 0,002 à 0,0035. | | de 0,0035 à 0,0045. | | de 0,0045 à 0,005. | | de 0,0 à 0,002. | | de 0,002 à 0,0035. | | de 0,0035 à 0,0045. | | de 0,0045 à 0,005. | | horizontales. | | totale. |
Nombre.	Développement.	Nombre.	Développement.	Nombre.	Développement.	Nombre.	Développement.	Nombre.	Développement.	Nombre.	Développement.	Nombre.	Développement.	Nombre.	Développement.	Nombre.	Développement.	
1.ʳᵉ Section. — De Mulhouse à Belfort.																		
2	1040 00	4	2210 00	=	=	=	=	8	7295	3	1685	12	25842 00	=	=	16	9940 00	48012 00
2.ᵉ Section. — De Belfort à Vesoul.																		
=	=	6	2574 00	5	12551 50	9	25278 00	=	=	4	5970 00	3	6127 50	=	=	12	7406 80	59907 80
3.ᵉ Section. — De Vesoul à Gray.																		
4	12554 72	2	10992 80	1	11404 25	=	=	1	2948 38	2	3777 27	1	1739 48	1	5427 83	5	5367 32	54212 05
4.ᵉ Section. — De Gray à Dijon.																		
=	=	1	3472 17	1	3077 13	=	=	1	3820 15	3	12284 93	2	9277 52	=	=	2	17034 27	48966 17
6	13594 72	13	19248 97	7	27032 88	9	25278 00	10	14063 53	12	23717 20	18	42986 50	1	5427 83	25	39748 39	211098 02

De ce tableau l'on déduit :

Que le développement total du chemin de fer étant de . . 211,098^{m},02
celui des parties horizontales est de . . . . 39,748 ,37
et celui des parties inclinées de . . . . 171,349 ,65
c'est-à-dire que les parties horizontales sont aux parties inclinées comme 1
est à 4,318.

Ce qu'il faut surtout éviter dans les chemins de fer, ce sont les souterrains. Tranchées et souterrains.
Indépendamment du haut prix auquel reviennent ces constructions, l'on ne
sait jamais prévoir le montant de la dépense, à cause des incidents nombreux
qui se présentent, à cause surtout de l'ignorance dans laquelle on se trouve
sur la nature des roches à traverser. Nonobstant ces inconvénients qui se résument en argent, l'on ne peut se dissimuler que le passage d'un souterrain
est dangereux, que les convois ralentissent leur vitesse et que les voyageurs
y éprouvent une sensation pénible.

Nous avons donc généralement préféré pratiquer des tranchées plutôt
que d'établir des souterrains, lesquels se réduisent à deux dans notre projet;
celui d'Étobon qui a une longueur de . . . . 885^{m}
et celui du mont Jarrot dont la longueur est de 234
$$\overline{}$$
Longueur totale des souterrains 1119

Les tranchées que nous avons à effectuer se trouvent toujours à proximité
de forts remblais à faire, de sorte qu'il y a avantage à les établir, puisqu'on
profite immédiatement des déblais qu'ils produisent, sans qu'on soit obligé
de recourir à des emprunts latéraux.

Nous appelons tranchées les déblais dont la hauteur maximum dépasse
10 mètres sur 100 mètres de longueur.

Les tranchées seront généralement assises dans des terrains modernes d'alluvion faciles à exploiter; sauf celles du col de Danjontin et de Châlonvillars
qui se trouvent dans le grès rouge, et celle du col de Raze qui sera taillée à
vif dans le calcaire du terrain tertiaire lacustre.

Le souterrain d'Étobon sera établi dans le grès compacte dont la consis-
tance, à en juger par la surface et les stratifications apparentes, présente toutes
les garanties désirables contre les éboulis.

Il en est de même de celui du Mont-Jarrot qui sera percé dans le calcaire
muschelkalk appartenant au terrain keupérien.

TABLEAU DES TRANCHÉES ET SOUTERRAINS.

LONGUEURS DES SOUTERRAINS.		LONGUEURS DES TRANCHÉES.			
		INDICATIONS.	De 10 à 15^m	De 15 à 20^m	De 20 à 25^m
D'Étobon........	885^m	De Walheim........	410	=	=
Du Mont-Jarrot..	234	De Carspach........	480	,=	=
		De Ballersdorf.......	=	250	=
		De Danjoutin........	=	=	600
		De Bavilliers........	=	130	=
		De Châlonvillars	=	650	=
		D'Étobon...........	=	638	=
		De Frotey-lès-Lure....	280	=	=
		Du Mont-Jarrot......	=	=	315
		De Creveney........	150	=	=
		Du Montaigu	200	=	=
		De Raze	450	=	=
		De Savary..........	330	=	=
		De Saint-Apollinaire ..	680	=	=
	1119		2980	1668	915

De ce tableau l'on déduit :

Que le nombre des souterrains est de 2

Que leur longueur ensemble est de . . . . 1119^m

Que le nombre des tranchées est de 14

Que leur longueur ensemble est de . . . . 5563^m

Le nombre des ouvrages d'art est peu considérable, eu égard au développement total du chemin et aux difficultés que l'on a dû rencontrer pour la traversée de la chaîne des Vosges.

Le passage du canal du Rhône au Rhin près de son bief de partage exigera un viaduc de 100 mètres de longueur et de 16^m,88 de hauteur. Un autre viaduc de 360 mètres de longueur et de 23^m,37 de hauteur sera établi dans la vallée du Rognon. Ce dernier ouvrage est le plus important de notre ligne.

La traversée de la Saône exigera trois ponts dans les environs de Gray ; ces ponts auront 100, 100 et 200 mètres d'ouverture.

Les autres cours d'eau et vallons seront franchis par des remblais accompagnés de ponts à faibles débouchés.

Enfin, un assez grand nombre de pontceaux et d'aqueducs de peu d'importance établira la vidange des eaux du pays et maintiendra leur régime actuel.

L'Administration autorisant aujourd'hui le passage à niveau des routes royales et départementales, nous avons profité de cette latitude aussi souvent que possible. Nous n'avons songé à passer au-dessus ou au-dessous de ces routes, que lorsque la hauteur des terrassements du chemin de fer rendait l'établissement d'un viaduc plus économique et plus facile; et pour cela nous avons admis les principes suivants :

1.° Lorsque le chemin de fer passera au-dessus d'une route royale, l'ouverture du pont sera de 8 mètres; la hauteur sous clef, à partir de la chaussée de la route, sera de 5 mètres. La largeur entre les parapets sera de 8 mètres.

Lorsque le chemin de fer devra passer au-dessus d'une route départementale, la largeur du pont sera de 7 mètres; elle sera de 5 à 4 mètres dans le cas d'un chemin vicinal de grande communication ou ordinaire.

2.° Dans le cas où la voie de fer passera au-dessous d'une route royale ou départementale, ou d'un chemin vicinal, la largeur entre les parapets du pont qui supportera la route ou le chemin sera fixée à 8 mètres pour une route royale, à 7 mètres pour une route départementale et à 5 et 4 mètres pour les chemins vicinaux. Les ouvertures seront de 8 mètres et les hauteurs sous clef de $4^{m},50$.

3.° Lorsque le chemin de fer traversera une rivière ou un cours d'eau, le pont aura la largeur de voie fixée dans le n.° 1.

4.° Tous les ponts à construire à la rencontre des routes et des rivières seront en maçonnerie.

5.° Les pentes ou rampes des levées d'abordage des ponts construits sur les routes ou chemins et celles des levées pour les passages à niveau, auront une déclivité maximum de $0^{m},033$ par mètre.

TABLEAU DES OUVRAGES D'ART.

Nombre de viaducs		Nombre de ponts		Nombre de pontceaux		Nombre d'aqueducs.	Nombre de passages à niveau des routes et chemins.	Nombre total des ouvrages d'art.
au-dessous de $8^m,00$.	au-dessus de $8^m,00$.	au-dessous de $10^m,00$.	au-dessus de $10^m,00$.	au-dessous de $2^m,00$.	au-dessus de $2^m,00$.			
1.re Section. De Mulhouse à Belfort.								
13	23	2	4	1	10	45	30	128
2.e Section. De Belfort à Vesoul.								
39	14	6	7	=	24	63	42	195
3.e Section. De Vesoul à Gray.								
11	3	5	4	=	5	16	34	78
4.e Section. De Gray à Dijon.								
2	6	1	9	1	7	33	29	,88
65	46	14	24	2	46	157	135	489

Les tableaux n.° 7, §. 3, joints au projet, donnent le détail exact des dimensions de chacun de ces ouvrages en particulier.

Nous nous sommes attachés à suivre en profil autant que possible la configuration du sol, afin d'éviter les forts terrassements, et nous n'avons pas craint de multiplier les pentes et les rampes, afin d'obtenir des économies sur cette partie importante de la dépense.

Aussi longtemps que les inclinaisons sont faibles et qu'elles ne dépassent pas les limites ordinaires admises dans les chemins à grande vitesse, il est sans inconvénient d'avoir des contre-pentes en sens inverse de la déclivité générale du terrain. Le service de l'exploitation n'en souffre aucunement, et nous avons considéré comme une abstraction toute théorique de nous assujétir à une pareille condition.

Nous n'avons, en conséquence, pas eu à recourir fréquemment à des emprunts latéraux, ni à des cavaliers de dépôt, si ce n'est dans quelques cas particuliers, comme par exemple dans les vallées de la Saône et de la Morte, où l'on est obligé de se tenir constamment en remblai et où il faut établir des fouilles d'emprunt; si ce n'est encore dans quelques fortes tranchées où l'on doit recourir aux dépôts.

Les déblais se feront généralement dans des terrains meubles d'une facile extraction, au pic et à la pelle.

Quand nous avons rencontré des cours d'eau tortueux que le tracé traverserait plusieurs fois, nous les avons rectifiés et nous nous sommes servis des déblais qui résultent de cette opération, pour l'exécution du chemin.

La rectification la plus importante est celle de la Saône au pied du coteau d'Essertenne.

Nous en avons fait de même à l'égard des routes et chemins.

Les tableaux n.° 7, §. 2, joints au projet, donnent tous les détails des calculs des terrassements.

Le chemin est projeté à double voie.

Sa largeur sera de 8 mètres en crête, et dans le tableau des acquisitions des terrains, nous avons supposé que l'on achèterait de chaque côté du pied des talus un mètre de largeur en plus, pour former franc-bord.

Chaque voie aura $1^m,50$ de largeur; l'entrevoie sera de $1^m,86$ et les accottements de chaque côté seront de $1^m,57$.

Les talus ont été supposés de 2 de base pour 1 de hauteur dans les remblais et de 3 de base pour 1 de hauteur dans les déblais.

Les voies se composeront de rails en fer laminé de $4^m,50$ de longueur chacun, posés sur des traverses en bois de chêne refendu, cubant $0^m,12$: ces traverses seront espacés de $0^m,90$.

Les rails seront fixés sur les traverses au moyen de coussinets en fonte pesant 8 kilogrammes. A chaque joint de deux rails consécutifs, le coussinet sera plus large et pèsera 12 kilogrammes. Les coussinets seront encastrés dans les traverses par deux chevilles en fer pesant $0^m,25$ chacune; et les rails seront retenus aux coussinets par des coins en bois de charme.

Ce système de voie sera posé sur une fondation de sable et de menu gravier dont l'encaissement sera de $0^m,30$. Elle exigera $2^m,50$ cubes par mètre courant.

Des saignées transversales, comblées ensuite en gros gravier ou en brocailles et établies de 10 en 10 mètres, serviront à assécher la voie par l'écoulement des eaux pluviales. Ces saignées pourront être remplacées dans l'occasion par des tuyaux en poterie.

Aux approches des stations mêmes, la double voie portera des croisements qui permettront de passer de l'une à l'autre, ainsi que des voies supplémentaires pour pouvoir approcher des remises et des ateliers de construction.

La longueur totale d'une voie simple est de . . . . $211,098^m$
Et pour une autre semblable . . . . $211,098$
Celle des voies supplémentaires est de . . . . $11,700$
Développement total des voies . . . . $433,896^m$

Le passage d'une voie à l'autre s'opèrera par des croisements, des excentriques et des plates-formes tournantes.

Des stations seront établies le long du chemin de fer, partout où nous avons pensé que les besoins l'exigeaient. Ces stations, en raison de leur importance, seront divisées en quatre classes.

Le nombre total des stations sera de 52
qui se divisent ainsi qu'il suit :

      1.re classe 6
      2.e classe 2
      3.e classe 7
      4.e classe 37

La 1.re classe, outre les bâtiments contenant les salles d'attente des voyageurs, aura des magasins de marchandises, des ateliers de réparation et des remises pour le matériel.

La 2.e classe aura des salles d'attente, des magasins de marchandises et des remises de voitures.

La 3.e classe aura également des salles d'attente et des magasins pour les marchandises, mais dans des proportions moindres.

La 4.e classe se composera simplement de salles d'attente.

La distribution des stations par section aura lieu comme il suit :

INDICATION DES SECTIONS.	STATIONS				TOTAUX.
	du 1.er ordre.	du 2.e ordre.	du 3.e ordre.	du 4.e ordre.	
1.re Section. De Mulhouse à Belfort......	2	1	2	11	16
2.e Section. De Belfort à Vesoul.........	2	=	1	12	15
3.e Section. De Vesoul à Gray.........	1	=	3	6	10
4.e Section. De Gray à Dijon.........	1	1	1	8	11
	6	2	7	37	52

Les stations des 1.ᵉʳ, 2.ᵉ et 3.ᵉ ordres seront accompagnées de grues hydrauliques, de réservoirs d'eau et de rampes d'accès pour le transport des voitures.

Les stations du premier ordre seront établies à Mulhouse, Belfort, Lure, Vesoul, Gray et Dijon.

Celles du 2.ᵉ ordre, à Altkirch et à Mirebeau.

Celles du 3.ᵉ ordre, à Dannemarie, Lutran, Creveney, Pont-de-Planche, Vezet, Lachapelle-Saint-Quillain et à Arc-sur-Tille.

Celles du 4.ᵉ ordre, dans les points intermédiaires.

Il résulte du mode de distribution des stations qu'elles seront moyennement éloignées de 4 kilomètres l'une de l'autre.

A environ tous les 1000 mètres de distance, l'on établira une guérite pour les gardes du chemin. Cette guérite sera accompagnée dans certains cas de guidons et de signaux.

Les passages de niveau des routes et chemins seront fermés par des barrières mobiles.

Dans toute son étendue, sauf dans les forts remblais, le chemin sera délimité par des clôtures en palissades. Dans les stations elles seront en maçonnerie et en fortes palissades.

Les détails des stations et ouvrages accessoires dépendant des stations sont consignés dans les tableaux n.° 7, §§. 5 et 7, joints au projet.

Dans ces tableaux figurent toutes les dépendances du chemin et tous les accessoires nécessaires à l'exploitation; ce sont, savoir:

Les stations classées par ordre avec l'indication des bâtiments pour bureaux, salles d'attente, ateliers de réparation et remises, outillages compris.

Les fours à coke.

Les croisements de voies.

Les voies supplémentaires.

Les plates-formes tournantes.

Les maisons de gardes ou de concierges.

Les clôtures en maçonnerie, palissades et haies vives.

Les grues hydrauliques, rampes d'accès ou de raccordement.

Les guérites des gardes.

Les poteaux indicateurs et les signaux, les guidons et les outils de gardes. L'abornement.

Les wagons de terrassements.

Les magasins provisoires, outils de pose et d'encastrement, etc.

Le tableau n.º 7, §. 6, donne le détail du matériel d'exploitation dont l'acquisition est projetée.

Nous avons en général augmenté ce matériel, tant pour les quantités que pour les prix. L'on sera libre de réduire ces quantités lorsqu'on en sera à l'exécution, sauf à les augmenter au fur et à mesure des besoins. Quant à l'exagération des prix, la concurrence en fera justice.

TABLEAU DU MATÉRIEL D'EXPLOITATION.

MACHINES LOCOMOTIVES avec tenders.	DILIGENCES.	CHARS-A-BANCS couverts.	WAGONS découverts pour voyageurs.	WAGONS		
				pour bagages.	pour marchandises.	pour houille.
37	22	54	85	30	100	60

CHAPITRE V.

Description du tracé et motifs de son adoption.

La réunion de Dijon à Mulhouse présente deux solutions générales; l'une consiste à passer la Saône à Pontaillier, après avoir traversé la plaine de la Bourgogne, et à joindre Besançon pour remonter ensuite la vallée du Doubs jusqu'au bief de partage du canal du Rhône au Rhin et à arriver à Mulhouse en passant par Altkirch et laissant Belfort à gauche.

La seconde solution a pour objet de traverser directement le département de la Haute-Saône.

La première de ces lignes, entre le bief de partage du canal et Dijon , ayant été étudiée par M. Parandier, nous ne nous en occuperons que transitoirement.

La seconde fait l'objet du présent projet.

Dans l'étude qui nous concerne, nous avions à choisir entre plusieurs directions, et notre choix devait porter sur celle qui présenterait le plus d'avantages sous le rapport des localités qu'elle est appelée à desservir et de la plus grande facilité d'exploitation.

Examen des différentes solutions.

Dans un rapport remarquable, présenté le 1.ᵉʳ novembre 1838 au conseil municipal de Vesoul par M. Thirria, ingénieur en chef des mines, ce savant géologue a discuté les avantages et les inconvénients des divers tracés du chemin de fer destiné à joindre Dijon et Mulhouse. Nous transcrirons textuellement la partie de ce mémoire qui a rapport au tracé de Besançon.

« . . . . . La direction par Montbéliard, Beaume et Besançon, présenterait de
« grandes difficultés dans l'exécution, soit à cause de l'encaissement presque
« continuel du Doubs dans des rochers escarpés, dont la hauteur s'élève en
« plusieurs points à 120 mètres, soit à cause des grandes sinuosités du lit de
« cette rivière, qu'il faudrait éviter par des souterrains d'une grande longueur
« et des tranchées profondes, pratiqués, autant que possible, en ligne droite
« et réunis par un grand nombre de ponts; elle mettrait le chemin de fer en
« concurrence avec un canal qui lui enlèverait toutes les marchandises dont
« le transport ne serait pas pressant, et ce sont les plus nombreuses; enfin,
« cette direction le ferait aboutir sur la Saône à Pontaillier, c'est-à-dire, à

« trois myriamètres en aval de Gray, et il serait avantageux que le chemin
« de fer *atteignît la Saône le plus possible dans la partie supérieure de son
« cours.* »

Nous ajouterons à ces judicieuses observations, que le problème du passage
par les vallées sinusoïdales n'est pas résolu par la substitution aux souterrains
destinés à franchir les contre-forts, de courbes continues à petits rayons,
attendu que ces courbes ne sont pas admises par l'Administration, et ne le
seront que lorsque l'expérience en grand aura constaté les avantages des procédés de MM. Laignel, Arnoux et de Vilbach. D'ailleurs, l'Administration
ne peut adopter ces procédés, qui ont pour résultat final de retarder la vitesse
du transport, que pour les chemins de fer du second ordre, et elle donnera
toujours la préférence, toutes choses égales d'ailleurs, aux tracés qui seront
basés sur des courbes à grands rayons.

Cette réflexion nous est suggérée par la justification que nous devons faire
de notre tracé, qui présentait quatre solutions différentes que nous avons
rejetées.

Tracé
par Villersexel
et l'Oignon. La première de ces deux solutions consiste à arriver de Mulhouse à Montbéliard avec le tracé par la vallée du Doubs, en suivant le canal du Rhône au
Rhin depuis le bief de partage, et à gagner la vallée de l'Oignon par le Vernois,
Saulnot, Grange et Villersexel, pour aboutir, en longeant cette vallée, au-
dessus de Pontaillier et ensuite à Dijon.

Or, la vallée de l'Oignon n'est pas praticable, parce qu'elle est resserrée et
étroite; qu'elle présente des saillants ou contre-forts qui s'avancent dans le lit
de la rivière; que son cours est sinueux, tourmenté et forme d'immenses lacets.
Un chemin de fer ne pourrait y être établi qu'à condition d'avoir un développement considérable, des courbes à très-petits rayons et de nombreux
souterrains.

Un autre inconvénient de cette direction est d'arriver sur la Saône trop en
aval, tandis qu'il est d'un haut intérêt d'arriver le plus en amont possible,
ainsi que nous l'avons établi dans le 3.ᵉ chapitre.

Enfin, ce tracé serait assis dans une région moins populeuse, moins active
et moins industrielle que celle que traverse notre projet : elle ne desservirait
ni Lure, ni Vesoul, ni Gray, c'est-à-dire les chefs-lieux du département et de
ses deux arrondissements.

Ce que nous avons dit de la vallée de l'Oignon, depuis Villersexel jusqu'à son embouchure dans la Saône au-dessus de Pontaillier, s'applique, à plus forte raison, à la partie supérieure, comprise entre Villersexel et Lure, où la vallée se resserre encore davantage et où les obstacles à l'établissement d'un chemin de fer sont plus considérables. Tracé par Lure et l'Oignon.

En conséquence nous avons dû abandonner les deux tracés, qui, en partant de Mulhouse, se rendraient, l'un sur Villersexel par Montbéliard, l'autre sur Lure, pour descendre ensuite la vallée de l'Oignon.

La troisième solution, qui se présente naturellement lorsqu'on examine la carte, est celle qui dirigerait le chemin de fer par Lure et Vesoul pour gagner la Saône à Chemilly, et descendre ensuite cette vallée soit jusqu'à Gray, soit jusqu'à Pontaillier. Mais cette solution n'est guère plus avantageuse que les deux autres sous le rapport de l'exécution. Quoique la vallée de la Saône ait plus de largeur et moins de pente que celle de l'Oignon, son cours au-dessus de Gray, et au fur et à mesure qu'on remonte vers Chemilly et Port-sur-Saône, offre de grandes et de nombreuses sinuosités, formées par la saillie des contre-forts liassiques qui s'avancent dans la vallée au droit des anses concaves de la rivière. Il est impossible d'y tracer un chemin de fer dans des conditions convenables; il faut de toute nécessité traverser fréquemment la rivière et par conséquent construire un grand nombre de ponts, établir des courbes à courts rayons pour tourner les contre-forts, ou percer ceux-ci par des souterrains. Tracé par la Saône.

Les quelques rectifications de la Saône que l'on exécute dans l'intérêt de la navigation, démontrent la vérité de ce que nous avançons, puisque l'on est obligé de les établir en souterrains.

A cause de ces travaux, la vallée ne présente plus assez d'espace pour pouvoir y asseoir convenablement un chemin de fer.

En un mot, la Saône présente la plupart des inconvénients que l'on peut reprocher à la vallée de l'Oignon.

Enfin une quatrième solution s'est offerte à nos explorations. Elle consiste à rejoindre la vallée de la Lanterne, à partir de Lure, et à gagner la Saône à 4000 mètres en amont de Port-sur-Saône. Tracé par la vallée de la Lanterne.

Ce tracé, aboutissant dans la Saône, devait être rejeté par les motifs que nous venons d'exposer. Il a de plus, sur le précédent, l'inconvénient de ne pas desservir Vesoul et de rejeter la ligne beaucoup trop vers le Nord, sans aucune compensation.

Le tracé que nous proposons, outre l'avantage qu'il présente de desservir tous les chefs-lieux des départements et des arrondissements qu'il traverse, c'est-à-dire Altkirch, Belfort, Lure, Vesoul, Gray et Dijon, et par conséquent de s'appuyer sur les localités populeuses, a celui de n'exiger d'autres souterrains que ceux qui résultent du passage obligé des cols dans la chaîne des Vosges, et celui de pouvoir raccorder les alignements rectilignes par de grandes courbes.

Variantes du tracé proposé.

Nous allons faire la description générale de ce tracé, ainsi que celle des variantes que nous avons dû étudier pour fixer notre choix.

De la ville de Mulhouse, qui est assise dans la vallée du Rhin, à la cote générale de 244,57 (au-dessus du niveau de la mer), il s'agissait de s'élever au point culminant des Vosges, en passant par la remarquable dépression qu'elles subissent à leur jonction avec la chaîne du Jura et des Alpes.

Cette dépression est le seul point de passage praticable pour les voies de communication, et elle semble établie par la nature pour unir la vallée du Rhin avec le Midi de la France.

C'est dans cette dépression que sont assis le bief de partage du canal du Rhône au Rhin et la place de Belfort.

La direction du canal du Rhône au Rhin présentait un tracé tout fait pour établir un chemin de fer sur Besançon, une fois qu'il aurait atteint le point culminant; mais, comme notre mission nous obligeait à diriger le tracé vers l'Ouest, nous avons dû porter nos reconnaissances de ce côté et chercher le point le plus bas pour franchir les Vosges et arriver dans les plaines de la Haute-Saône.

Variante par la vallée de la Doller.

Différentes directions s'offraient à nos explorations pour franchir ce faîte; nous les avons toutes étudiées.

En premier lieu se présentait le tracé par la vallée de la Doller, lequel, partant de Lutterbach, où il se soudrait au chemin de Mulhouse à Thann, se dirigerait à Burnhaupt-le-haut. Après avoir longé cette vallée, le tracé passerait à Diefenmatten, à Sternenberger, à Belmagny, à Vauthiermont, traverserait le ruisseau des Écornes et de la Magdeleine pour arriver à Ménoncourt et à Roppe, puis au nord de Belfort en longeant l'étang de la Forge. Il suivrait

55

ensuite la vallée de la Savoureuse jusqu'au-dessus de Valdoye, passerait au
sud de l'étang de Malsauséé et au nord du grand Salbert, à Évette et à Frahier,
pour se souder près de Chenebier à notre tracé définitif.

Cette solution présente des difficultés si nombreuses, qu'il a fallu l'abandonner. Ainsi les pentes et rampes sont généralement de $0^m,005$ et au-dessus,
à très-peu d'exceptions près, et l'on est obligé de percer trois souterrains d'une
longueur totale de. . . . . $4,800^m$

Un souterrain à Belmagny, d'une longueur de . . . . 600^m
avec une rampe de $0^m,004$.

Un souterrain à Vauthiermont, d'une longueur de . . . . . . $3,380$
avec une rampe de $0^m,0044$.

Un souterrain à Évette, d'une longueur de. 820
avec une pente de $0^m,0047$.

Total pareil . . . . $4,800^m$

De plus, les courbes ont toutes 1000^m de rayon au maximum.

Nous avons joint au projet un plan détaillé, ainsi que le nivellement de
cette direction.

Une variante de cette solution consiste à porter le tracé depuis Valdoye, le
long des grands étangs d'Évette, pour passer au-dessus d'Errevet et tomber
dans la vallée du Rahin, à l'amont du hameau de Magny, entre Plancher-bas
et Champagney, et suivre ensuite la vallée du Rahin jusque près de Lure.

Cette variante exigeait un souterrain de plus de 2000^m de longueur, et une
fois arrivé dans la vallée du Rahin, l'on ne pouvait la descendre qu'avec des
pentes de plus de $0^m,006$, attendu qu'entre Champagney et Ronchamp la pente
totale est de $26^m,00$ sur 3200 mètres de développement, c'est-à-dire de $0^m,008$
par mètre.

Une seconde variante consiste à quitter à Frahier la direction qui a été
étudiée par la vallée de la Doller, au nord de Belfort, pour suivre le vallon
de Noriands, jusqu'à la ferme de Chérimont, traverser en souterrain le col
qui sépare ce vallon de celui d'Éboulet, et longer ce dernier vallon jusqu'à
son embouchure dans le Rahin, près de Recologne, au-dessus de la Côte. On
suivrait ensuite le Rahin jusqu'à Roye.

Ce tracé, considéré isolément et abstraction faite de la partie entre Frahier, Belfort et Lutterbach, à laquelle il se soude, présente de fortes pentes le long du vallon d'Éboulet, et comme il exige également un souterrain, nous l'avons abandonné.

<table>
<tr><td>Variante
par le canal
du
Rhône au Rhin.</td><td>Enfin, pour arriver à Belfort, il se présentait tout d'abord une solution naturelle, qui consiste à suivre le canal du Rhône au Rhin jusqu'à Heydwiller, pour se tenir ensuite sur le flanc septentrional de l'escarpement qui borde la vallée de la Largue jusqu'à Dannemarie, en passant au-dessus de Hagenbach et de Gommersdorf.</td></tr>
</table>

Ce tracé, dont le nivellement est joint au projet, a été abandonné, parce qu'il exige une pente constante de $0^m,005$ et au-dessus.

<table>
<tr><td>Variantes
intermédiaires.</td><td>Plusieurs variantes intermédiaires pour franchir les Vosges ont été étudiées.</td></tr>
</table>

La première est celle qui, partant de Dannemarie et se rattachant au tracé adopté, se dirige sur Chavanne et Cunelières pour rejoindre le tracé définitif à Chèvremont. Cette direction a été rejetée, parce qu'elle exigeait de trop fortes tranchées.

La seconde consiste à quitter le tracé adopté à Manspach, pour arriver à Montreux-Châteaux, en passant au-dessus de Lutran et après avoir traversé le canal à l'écluse n.° 1 du bassin de la Méditerranée. Pour franchir le col de Manspach, il eût fallu faire une tranchée de 3400 mètres de longueur sur une hauteur maximum de $24^m,58$, ce qui a fait abandonner ce tracé.

D'autres études ont été faites dans différentes directions. Nous ne les mentionnerons pas toutes, parce qu'elles présentent peu d'intérêt et qu'il a fallu les abandonner à cause des difficultés qu'elles présentaient.

<table>
<tr><td>Topographie
des Vosges.</td><td>La chaîne des Vosges présente du côté de l'Est ce phénomène remarquable, qu'elle se termine par des plans brusques et roides, sans se prolonger et se perdre insensiblement par des rameaux de moins en moins élevés, sur lesquels on pourrait cheminer pour y asseoir une ligne de communication avec une déclivité donnée. Le contraire se manifeste à l'Ouest de cette chaîne, dont les derniers anneaux se projettent fort loin et forment un sol accidenté composé de vallons et de coteaux, tandis que vers le Rhin, la plaine unie, sans la plus légère soufflure, s'étend jusqu'au pied des immenses plans inclinés qui terminent la chaîne des Vosges.</td></tr>
</table>

Ce n'est que vers le Sud de la vallée du Rhin, à la jonction des chaînes jurassique et vosgienne, que ce fait général semble éprouver une exception; de petits contre-forts et une succession de coteaux se prolongent vers l'est, dans le sens de la dépression de Belfort, jusque vers Mulhouse, et s'étendent à Bâle.

Mais ces éminences ont à peu près la même hauteur générale; leur configuration n'est assujettie à aucune loi hydrographique; elles sont sillonnées de vallons courts et étroits, dirigés dans tous les sens, de sorte que l'on ne peut en suivre aucun, à moins de rencontrer immédiatement un plateau escarpé que l'on ne peut franchir, ou un vallon que l'on ne peut suivre, sans se jeter à côté du tracé général.

Tout le sol entre Lure, Belfort, Dannemarie et les approches de Mulhouse, participe à cette nature, qui est telle que l'on ne peut asseoir aucune théorie raisonnable sur le choix d'un tracé qui doit traverser cette région.

Il semble qu'elle a subi l'effet de deux cataclysmes distincts. Assis à la limite de la chaîne des Vosges et du Jura, le sol a participé successivement au soulèvement de ces deux grandes chaînes.

De sorte que les vallons créés primitivement ont subi comme une espèce de retournement par l'effet du deuxième cataclysme, et que les cols et les plateaux présentent, sans qu'on s'y attende, *ces cassures* ou ces dépressions qui sont si fréquentes dans le calcaire jurassique.

Il fallait cependant vaincre cette difficulté. Nous y sommes parvenus en Tracé adopté. adoptant le tracé qui suit le canal et la rivière d'Ill jusqu'à Altkirch. Il allonge à la vérité le trajet, mais il permet de s'élever peu à peu et d'arriver au faîte de partage de la manière la plus heureuse, sans grands ouvrages d'art et sans souterrains.

Ce tracé, qui nous a occasionné bien des études et des explorations, est commun avec celui de la vallée du Doubs, attendu que nous l'avons fourni à l'ingénieur chargé des projets par cette vallée.

Arrivé à Altkirch, le tracé se développe vers le point de partage du canal en traversant les vallons de Carspach et de Ballersdorf et la vallée de la Largue. Il traverse le canal en remblais sur l'écluse n.° 7 du versant de l'Océan, suit le bief de partage de ce canal, passe à Montreux-Châteaux, à Chèvremont, à Danjontin, et arrive au sud de la place de Belfort.

8

Le tracé se retourne par une caustique, passe à Essert et à Chalonvillars en remontant le vallon de ce nom, que l'on franchit pour descendre ensuite le vallon de Chatebié.

Après avoir traversé la Lizianne, on remonte le vallon d'Étobon, dont le col sera franchi par un souterrain de 885 mètres de longueur, établi dans le grès rouge.

L'on suit alors le vallon de Beverne et du Faux jusqu'à son embouchure dans le Rognon, à Lyoffans.

Puis on traverse la vallée du Rahin et de l'Oignon et l'on arrive au sud de Lure.

En partant de Lure, le tracé se continue jusqu'à Bouhans-les-Lure, s'infléchit à droite et passe le mont Jarrot par un souterrain de 234 mètres de longueur dans le Muschelkalk. .

Une variante entre Bouhans-les-Lure et Bithaine a été étudiée dans l'espoir d'abréger la longueur de ce souterrain; mais nous avons reconnu que le tracé adopté par Adelans présentait le moins de difficultés, attendu que le souterrain à percer serait de 663 mètres, au lieu de 234 mètres, et qu'il faudrait une pente de $0^m,005$ pour l'atteindre.

L'on descend la vallée de la Colombe par la Creuse et Vellemenfroy, et l'on arrive dans la vallée du Durgeon, au-dessus de Saulx; après avoir passé par Creveney, le tracé longe la vallée du Durgeon jusqu'à Vesoul.

A Châtenois, nous avons essayé de descendre la vallée de la Colombe jusqu'à Colombotte, pour nous jeter dans la vallée du Durgeon au-dessus du Montaigu, en passant par le col du Bellet. Nous avons dû renoncer à ce tracé, qui présentait trop de difficultés, attendu qu'il faudrait faire une tranchée de plus de 2500 mètres de longueur et de 16 mètres de hauteur moyenne dans le calcaire jurassique.

A Colombotte, le ruisseau de la Colombe se dirige vers le sud jusqu'à Vesoul, en passant par Calmoutier. L'on pourrait croire que cette vallée présente quelque avantage pour y asseoir le chemin de fer; mais il n'en est rien. Elle est très-étroite et très-sinueuse, de sorte qu'il est impossible de s'y maintenir, à moins de percer force souterrains, d'avoir de petites courbes et un grand nombre de ponts.

Depuis Vesoul jusqu'à Dijon, le tracé suit une direction qui n'offre aucune difficulté.

Entre les vallées de la Saône et de l'Oignon s'élève un vaste plateau peu accidenté, formé des différents étages jurassiques, et d'un terrain moderne très-riche en minerai de fer pisiforme.

Ce plateau est peu élevé et offre peu de difficultés. Nous l'avons choisi pour y diriger notre tracé, de préférence à la vallée de la Saône et à celle de l'Oignon (note 6).

En conséquence, après avoir contourné la Motte de Vesoul, l'on traverse le Durgeon à l'aval, et on le suit, ainsi que son affluent, la Baignotte, jusqu'à Velle-le Châtel. A partir de ce point, l'on s'élève sur le plateau en passant à Raze, à Pont-de-Planche, à l'étang de Savary dans le bois de Saint-Gaud, et l'on se jette dans la vallée de la Morte, à la Chapelle-Saint-Quillain, et on la suit jusqu'à son embouchure dans la Saône, au-dessus de Gray. Ce trajet s'effectuera sans difficultés.

Dans l'espoir d'éviter le parcours de la vallée de la Morte, qui augmente sensiblement le trajet et occasionne des lacets, nous avons étudié une variante qui de Pont-de-Planche se dirigerait à travers la forêt de Belle-Vaivre par les Roquets, Saint-Robert, Sainte-Reine et le vallon dit Raye-du-bief, au-dessous de Beaujeux, pour rejoindre la Saône. Mais cette variante a dû être abandonnée, attendu qu'elle eût exigé des tranchées de plus de 20 à 40 mètres de hauteur et de 5500 mètres de longueur, dans des terrains sablonneux mobiles, qu'il eût fallu soutenir par des murs ou des pérés.

Ainsi, quoique cette variante passât par un terrain riche en minerai de fer d'alluvion, nous n'avons pu la proposer.

A partir de Gray, où le tracé aboutit, deux solutions se présentent. L'une, qui consiste à suivre la vallée de la Saône jusqu'à Pontaillier, pour s'élever ensuite sur le plateau qui conduit à Dijon, en se soudant au tracé de M. Parandier.

L'autre, qui abandonne la Saône en aval de Mantoche, et se jette à droite pour passer près de Mirebeau et à Arc-sur-Tille.

C'est ce dernier tracé que nous avons adopté.

Le parcours de la Saône, depuis Gray jusqu'à Pontaillier, n'offre pas de difficultés, attendu que la vallée s'élargit et qu'elle présente une largeur suffisante pour y établir commodément un chemin de fer. Mais ce tracé est plus long que celui que nous proposons, et nous avons dû le rejeter.

Il ne pourrait être admis que comme un embranchement du chemin de Dijon à Besançon, dans le cas où ce chemin ne se continuerait pas par la vallée du Doubs jusqu'à Mulhouse, et où notre tracé obtiendrait la préférence.

La communication de Besançon avec Paris et Lyon continuerait à être établie par la ligne de Besançon à Dijon, qui présentera sans doute peu de difficultés. Mais si l'on n'adoptait pas sa continuation sur Mulhouse par la vallée du Doubs, par suite de considérations stratégiques, la communication de Besançon avec Mulhouse et Strasbourg ne pourrait être obtenue par une voie directe, et alors l'embranchement de Gray à Pontaillier deviendrait utile et nécessaire.

Nous avons étudié cet embranchement, qui n'offre aucune espèce de difficulté d'exécution, attendu qu'il suit la vallée de la Saône, dont la pente est insensible.

Nous allons actuellement passer à la description détaillée de notre tracé, et à l'exposé des avantages qu'il présente.

1.re SECTION. — DE MULHOUSE A BELFORT.

Tracé général. Nous avons déjà exposé les motifs généraux qui nous ont fait admettre le tracé que nous proposons.

Nous partons de Mulhouse de la station du chemin de fer de Strasbourg à Bâle. Cette station, moyennant les agrandissements nécessaires, pourra servir en même temps pour l'exploitation de la ligne projetée. Néanmoins, nous avons supposé que l'on construirait une station spéciale, et nos estimations ont été faites dans cette hypothèse.

De la station de Mulhouse, le chemin de Dijon emprunte, sur environ un kilomètre, celui de Strasbourg à Bâle ; il s'en détache alors et suit les francs-bords de la rive droite du canal du Rhône au Rhin jusqu'à Brunstadt, où sera établie une station du quatrième ordre, desservant les communes de Didenheim, etc.

Le tracé continue à suivre les francs-bords du canal jusqu'en aval de Zillis-heim, où se trouve la station de cette commune et de celles de Flaxlanden, Bruebach, Landser, etc. L'on passe au-dessus de Zillisheim par une courbe, et l'on regagne de nouveau les francs-bords du canal en déplaçant la route d'Altkirch à Mulhouse. On traverse cette route, que l'on suit jusqu'à Illfurth, où sera établie une station du quatrième ordre, desservant les communes situées au-dessus, le long du canal.

En suivnat la route, l'on remonte la vallée de l'Ill en se tenant sur le versant de droite, et l'on arrive à Tagolsheim, où se trouve la cinquième station, qui dessert Luemschwiller, Heydwiller, etc.

Le tracé continue à monter la vallée de l'Ill jusqu'à Walheim, où se trouve une station.

L'on traverse ensuite la vallée sur un remblai et un pont, et l'on arrive sur le versant de gauche, que l'on suit en passant au-dessous d'Altkirch, après avoir rectifié une sinuosité de la rivière et de la route, afin d'éviter l'établissement de ponts.

A Altkirch se trouve une station du second ordre.

L'importance de cette station est très-grande, puisqu'elle dessert les nombreuses communes situées dans la vallée supérieure de l'Ill et de ses affluents.

Après s'être replié à gauche par une courbe, la ligne du projet arrive à Carspach, où se trouve une station du quatrième ordre.

L'on franchit ensuite le col qui sépare les vallons de Carspach et de Ballersdorf, par une tranchée de 15^m,33 de hauteur maximum, et l'on arrive au-dessus de Ballersdorf, où se trouve une station.

L'on traverse en remblai le vallon de Ballersdorf, et après avoir franchi le faîte qui sépare ce vallon de celui de la Largue, l'on arrive à Manspach par un alignement droit.

A Manspach est une station du troisième ordre, desservant la ville de Dannemarie, que sa position près du canal rend très-importante.

L'on traverse la route de Delle à Colmar, la vallée de la Largue en remblais, et, après avoir touché la rigole d'alimentation du bief de partage du canal du Rhône au Rhin, l'on traverse le canal sur l'écluse n.° 7 du versant de l'Océan, par un viaduc de dix arches, de 10 mètres de largeur chacune et de 16^m,88 de hauteur maximum.

Le tracé remonte ensuite en tranchée vers Montreux-Vieux, en suivant la rive gauche du canal.

Près du pont de Lutran l'on établira une station du troisième ordre, à cause de l'importance que ce point peut acquérir par la suite.

L'on passe au-dessus de Montreux-Château, où est une station du quatrième ordre, destinée à desservir Cunelières, Bretagne, etc.

Après avoir quitté Montreux-Château, la ligne arrive à Petit-Croix, où est la station de Novillard et de Réchotte.

L'on traverse en remblai la vallée de la Magdeleine; l'on passe au-dessous de Fontenelle et de Chèvremont, en suivant les vallons de la Clavière et des Neuf-Fontaines.

A Chèvremont se trouve une station du quatrième ordre, desservant Bessoncourt, Pfaffans, Vezelois, etc.

Après avoir franchi le col de Danjontin, qui sépare le vallon des Neuf-Fontaines de celui de la Savoureuse, par une tranchée de $21^m,76$ de hauteur maximum, l'on traverse cette vallée et l'on arrive par une courbe au sud de Belfort.

Station de Belfort. La station de Belfort est du premier ordre, c'est-à-dire qu'elle renfermera tous les accessoires nécessaires au remisage, à l'entretien et à la réparation du matériel d'exploitation.

Elle est établie dans le faubourg de Montbéliard, au point où les routes de Besançon, de Vesoul, de Giromagny et de Montbéliard se bifurquent.

Cet emplacement est le plus convenable de tous ceux qu'on pourrait trouver, puisqu'il aboutit au point commercial de la ville et à l'embranchement des routes principales.

Il a été impossible de sortir de la station de Belfort sans faire une caustique, à cause des coteaux élevés qui règnent au sud-ouest de la place. On pourrait l'éviter en continuant le tracé jusque vers Essert, et en plaçant la station de Belfort plus loin de la ville. Mais nous avons pensé qu'à cause de l'importance de la place et du chemin comme ligne d'opération militaire, il était nécessaire de rapprocher cette station davantage et de la couvrir par le canon de la place.

Passage des routes et chemins. Rectifications. Les viaducs sont au nombre de trente-huit; savoir :

1 et 2. Dans la commune de Zillisheim. Deux passages par-dessus la voie de fer, de deux chemins vicinaux.

3. Dans la commune d'Illfurth. Un passage sous la voie, de la route départementale n.° 2.

4. Dans la même commune. Un passage par-dessus la voie, d'un chemin.

5. Dans la commune de Tagolsheim. Un passage sous la voie de fer, du chemin de Luemschwiller.

6. 7. Dans la commune de Walheim. Deux passages par-dessus la voie, de deux chemins.

8. 9. 10. Dans la commune d'Altkirch. Trois passages sous la voie, de trois chemins.

11. 12. Dans la même commune. Deux passages sous la voie, des routes n.°ˢ 2 et 10.

13. Dans la commune de Carspach. Un passage par-dessus la voie, de la route n.° 19.

14. Dans la même commune. Un passage par-dessus la voie, d'un chemin.

15. 16. Dans la commune de Ballersdorf. Deux passages sous la voie, de deux chemins.

17. Dans la commune de Dannemarie. Un passage sous la voie, d'un chemin.

18. Dans la même commune. Un passage par-dessus la voie, d'un chemin.

19. Dans la même commune. Un passage sous la voie, de la route départementale n.° 3.

20. 21. Dans la même commune. Deux passages sous la voie accompagnant le pont de la Largue.

22. 23. 24. Dans la commune de Manspach. Trois passages sous la voie, de trois chemins.

25. 26. 27. Dans la commune de Retzwiller. Trois passages par-dessus la voie, de trois chemins d'exploitation.

28. Dans la commune de Valdieu. Un passage sous la voie, de la route royale n.° 19.

29. Dans la commune de Vieux-Montreux. Un passage par-dessus la voie, du chemin de Vieux-Montreux à Montreux-Château.

30. Dans la commune de Fontenelle. Un passage par-dessus la voie, du chemin de Fontenelle à Novillars.

31. Dans la commune de Chèvremont. Un passage par-dessus la voie, d'un chemin d'exploitation.

32. 33. Dans la même commune. Deux passages sous la voie, d'un chemin d'exploitation et du chemin de Chèvremont à Vezelois.

34. Dans la commune de Danjontin. Un passage par-dessus la voie, d'un chemin d'exploitation.

35. 36 et 37. Dans la même commune. Trois passages sous la voie, de trois chemins.

38. Dans la commune de Belfort. Un passage sous la voie, de la route départementale n.° 4.

Tous les autres chemins traverseront la voie de fer à niveau.

L'on a rectifié, partout où le besoin s'en faisait sentir, les chemins aux approches du passage de la voie, afin de ne pas trop multiplier ces passages.

Il en est de même des ruisseaux et des rivières, qui ont été rectifiés partout où les sinuosités le permettaient, afin d'économiser les ponts.

Les plans au $\frac{1}{10000}$ et les tableaux des ouvrages d'art donnent les détails de ces coupures et de ces rectifications.

Courbes et pentes.

Le minimum des rayons des courbes est de 800 mètres, au passage du canal du Rhône au Rhin, dans la commune de Valdieu. Il y a également une courbe de 900 mètres de rayon au sortir de Carspach, toutes les autres sont de 1000 mètres et au-dessus.

Le maximum des inclinaisons est de 0^{m},004.

L'on monte constamment par des rampes, sauf aux approches de Belfort, où l'on a des pentes de 0^{m},002 et 0^{m},003, afin de pouvoir établir la station de niveau dans la vallée de la Savoureuse. La longueur totale de ces pentes n'est que de 2822 mètres.

Une pente de 0^{m},003, sur une longueur de 183 mètres, existe, par exception, dans la commune d'Illfurth.

TABLEAU DES COURBES, RAMPES ET PENTES DE LA 1.re SECTION.

PARTIES droites.	COURBES.		RAMPES.		PENTES.		PARTIES horizontales.	OBSERVATIONS.
	Rayons.	Longueurs.	Inclinaisons.	Longueurs.	Inclinaisons.	Longueurs.		
245^{m}	=	=	=	=	0^{m},0021	245^{m}	=	
=	1600^{m}	690^{m}	=	=	=	=	210^{m}	
1150	=	=	0^{m},002	2010^{m}	=	=	=	
=	1400	510	=	=	=	=	295	
1555	=	=	0,004	745	=	=	=	
=	1000	390	0,003	100	=	=	=	
410	=	=	0,004	1355	=	=	=	
=	1200	840	=	=	=	=	305	
590	=	=	=	=	=	=	=	
=	1000	685	0,004	745	=	=	=	
270	=	=	0,001	290	=	=	=	
=	1200	220	0,002	120	=	=	=	
230	=	=	0,003	1205	=	=	=	
=	2200	730	0,002	420	=	=	=	
100	=	=	=	=	=	=	=	
=	2140	990	0,003	380	0,003	183	=	
285	=	=	0,004	510	=	=	=	
=	1000	495	=	=	=	=	=	

PARTIES droites.	COURBES.		RAMPES.		PENTES.		PARTIES horizontales.	OBSERVATIONS.
	Rayons.	Longueurs.	Inclinaisons.	Longueurs.	Inclinaisons.	Longueurs.		
250	≠	≠	0,002	290	≠	≠	≠	
≠	1200	490	0,004	1595	≠	≠	≠	
1730	≠	≠	≠	≠	≠	≠	130	
≠	1000	985	0,004	1950	≠	≠	≠	
1195	≠	≠	≠	≠	≠	≠	50	
≠	1000	1135	0,004	3425	≠	≠	≠	
≠	1100	1050	0,002	255	≠	≠	≠	
1950	≠	≠	0,004	1820	≠	≠	≠	
≠	900	1230	0,002	170	≠	≠	≠	
≠	1000	1075	0,004	3450	≠	≠	≠	
1045	≠	≠	≠	≠	≠	≠	1305	
≠	1000	350	0,004	2080	≠	≠	≠	
4107	≠	≠	≠	≠	≠	≠	250	
≠	1000	545	0,004	'5667	≠	≠	≠	
935	≠	≠	≠	≠	≠	≠	2130	
≠	1300	705						
≠	1300	680	≠	≠	0,002	795	≠	
≠	≠	≠	≠	≠	≠	≠	3385	
≠	800	1030	0,002	3735	≠	≠	≠	
965	≠	≠	≠	≠	≠	≠	135	
≠	2000	535	0,004	2500	≠	≠	≠	
2305	≠	≠	≠	≠	≠	≠	470	
≠	1000	360						
1705	≠	≠	≠	≠	0,003	935	≠	
≠	1000	725	≠	≠	≠	≠	285	
2025	≠	≠	≠	≠	0,003	457	≠	
≠	1400	160	≠	≠	≠	≠	628	
1175	≠	≠	≠	≠	0,003	635	≠	
≠	1000	550	≠	≠	≠	≠	170	
2215	≠	≠	≠	≠	≠	≠	≠	
≠	1000	150	≠	≠	≠	≠	≠	
2345	≠	≠	≠	≠	≠	≠	≠	
≠	1000	1925		≠	≠	≠	≠	

2.ᵉ **SECTION.** — DE BELFORT A VESOUL.

En partant de Belfort, le tracé quitte la vallée de la Savoureuse pour remonter celle de la Douce, en franchissant, par le col situé près de la tuilerie de Bavilliers, le contre-fort séparant ces deux vallées. Ce col peut être traversé par une tranchée de 4ᵐ,80 de hauteur maximum.

Le tracé qui franchit ensuite un petit vallon, se maintient sur le flanc du coteau septentrional qui borde la vallée de la Douce, jusqu'aux premières maisons du village d'Essert. Une station desservant les deux communes d'Essert et de Bavilliers, est établie près d'Essert.

L'on traverse ensuite la vallée de la Douce pour se jeter sur la rive droite de ce ruisseau, afin d'éviter le contre-fort calcaire sur lequel est bâti le village d'Essert. A peu de distance de ce village, le tracé coupe le ruisseau pour le remonter ensuite. Une rectification, sur une faible longueur, évitera les ponts que l'on serait obligé d'établir sur les sinuosités du ruisseau. On devra toutefois traverser en remblais le vallon et le ruisseau de Tremblai.

Le tracé en ligne presque droite traverse ensuite le village de Chalonvillars dans le milieu du carrefour, où de faibles remblais permettent le passage à niveau des chemins qui s'y croisent. Une station du quatrième ordre est projetée dans cette localité.

L'on continue à remonter le vallon de Chalonvillars jusqu'au faîte du col d'un contre-fort des Vosges. Ce contre-fort sera passé en tranchée sur une hauteur maximum de 24ᵐ,93.

C'est au sommet du col de Chalonvillars que se trouve le point culminant du chemin de fer.

Pour passer le col et retomber sur le flanc droit du vallon de Chatebié, la ligne s'infléchit par une série d'alignements courbes, afin d'éviter les trop grands remblais dans les vallées.

C'est aussi pour éviter de grands remblais et une sinusoïde très-prononcée, à la rencontre du vallon de Chatebié et de celui de la Lizaine, que l'on traverse le vallon vis-à-vis le village de Chatebié et que l'on s'attache au contre-fort de gauche d'un vallon que l'on passe en déblai. Cette direction permet aussi de franchir à angle droit le cours et la vallée de la Lizaine, en se portant autant que possible contre le contre-fort saillant à droite de cette rivière.

Par une légère inflexion, on traverse le vallon d'Étobon, affluent de la Lizaine, pour le remonter sur le flanc méridional jusqu'au col d'Étobon.

Une station du quatrième ordre sera établie près du chemin de grande communication de Frahier à Héricourt, qui desservira tous les villages de la vallée de la Lizaine.

Le tracé s'infléchit de nouveau pour arriver, avec le moins de déblai possible, au col d'Étobon. Ce col ne peut être traversé qu'au moyen d'un souterrain de 885 mètres de longueur et avec des déblais qui s'arrêtent en amont à une hauteur de $19^{m},34$, et à une hauteur de $19^{m},80$ en aval.

Ce dernier contre-fort des Vosges est entièrement composé de grès rouge, recouvert d'une faible épaisseur de terrain moderne. Son percement fournira, comme ceux de Chalonvillars et de Danjontin, une quantité considérable de matériaux propres à la construction des ouvrages d'art. Des carrières de sable dans les environs font espérer qu'on rencontrera dans les intervalles des bancs de grès rouge, du sable pour l'assiette de la voie de fer.

Le passage de ce col effectué, le tracé descend le vallon de Béverne, affluent du Faux. Les alignements courbes que l'on a adoptés dans ce vallon ont pour but d'éviter les trop grands déblais qu'auraient nécessités les contre-forts saillants qui s'y trouvent. L'on traverse cependant ce vallon, quand on est sorti du déblai, pour s'appuyer contre la montagne sur laquelle est bâti le village de Béverne. Une courbe de 800 mètres de rayon est nécessaire pour éviter de se jeter dans des déblais énormes.

Une station sera établie près de Béverne pour desservir les communes environnantes.

En quittant le contre-fort de Béverne, on traverse la vallée du Faux pour se jeter sur le flanc droit de cette vallée, où l'on est obligé de faire un déblai de $7^{m},62$ pour éviter une courbe à petit rayon. L'on quitte bientôt le flanc droit de la vallée pour la traverser de nouveau, afin d'éviter le passage difficile d'un affluent du Faux, qui nécessiterait une inflexion considérable dans le tracé.

Lorsqu'on est sur le flanc gauche, on passe à niveau le chemin de grande communication de Lure à Héricourt, que l'on suit parallèlement.

Une légère rectification de ce chemin sera indispensable pour pouvoir établir commodément la voie de fer au niveau du sol.

A l'aval de l'embouchure de l'affluent dont nous avons parlé plus haut, et au-dessus du moulin Bellay, on traverse une troisième fois le ruisseau du

Faux, pour asseoir le tracé sur le flanc droit de la vallée. Il s'y maintient jusqu'à la rencontre de la vallée du Rognon.

Une station qui desservira les villages de Lomont, Lomontot, etc., sera établie un peu en amont du moulin de la Cude.

La vallée du Rognon sera traversée par un viaduc de 360 mètres de longueur et $23^m,37$ de hauteur maximum.

Un remblai de $14^m,30$ de hauteur permettra de traverser ensuite le vallon des Palantes jusqu'à la rencontre du versant oriental du faîte qui sépare la vallée du Rognon de celle du Rahin.

Une station au pied de ce faîte desservira les communes situées dans la vallée du Rognon.

Le faîte dont nous venons de parler sera franchi en tranchée dans le village de Frotey-les-Lure. Cette tranchée sera continuée sur toute la longueur du plateau, pour pouvoir gagner la vallée du Rahin avec une moins grande hauteur de remblais.

Le Rahin coule au pied de ce contre-fort. Il sera passé sur un pont de 30 mètres d'ouverture, et un remblai qui se continuera jusqu'à la rencontre de l'Oignon. On traversera en remblai la plaine marécageuse qui sépare le Rahin de l'Oignon, puis cette rivière sur un pont de 30 mètres d'ouverture.

L'alignement rectiligne qui part du contre-fort du vallon de Faux, se prolonge jusqu'au sud de Lure, où il s'infléchit légèrement. Une station du premier ordre sera établie à Lure, où de vastes terrains sans construction pourront faciliter l'agrandissement de la ville du côté de la station.

De Lure, le tracé se dirige vers Bouhans-les-Lure par un alignement presque droit, en remontant le ruisseau des Franches-Communes, que l'on traverse trois fois.

L'on arrive devant Bouhans-les-Lure sur le versant septentrional du vallon; l'on traverse le ruisseau de la Grabeuse, et l'on remonte le *Petit Ruisseau* jusqu'au-dessous d'Adelans, en se tenant en remblais.

On franchit ensuite, par un souterrain de 234 mètres de longueur, le col qui sépare les vallées des Franches-Communes et de la Colombe. Ce souterrain sera établi dans le Muschelkalk.

L'on se tient ensuite sur le flanc gauche de la vallée de la Colombe, que l'on traverse au-dessus de la Creuse pour se jeter sur le flanc de droite. L'on traverse de nouveau la vallée au-dessus de Velmainfroi, pour se reporter définitivement sur le versant de droite, au-dessous du ruisseau de la Grande-Goutte.

A partir de ce point, le tracé se porte vers l'ouest, passe au-dessous de Creveney, en franchissant le col qui sépare la vallée de la Colombe de celle du Durgeon, par une tranchée de 12^m,15 de hauteur maximum.

L'on se tient sur le versant de gauche du Durgeon, l'on contourne le Montaigu et l'on arrive devant Colombier, où l'on traverse la vallée en remblai pour se porter sur la rive droite, que l'on suit jusqu'à Vesoul.

La station de Vesoul sera établie à l'embranchement des diverses routes qui viennent se croiser à l'entrée et à l'est de la ville.

Station de Vesoul.

Les terrains disponibles sont en assez grande quantité pour permettre de donner à la station tout le développement désirable et à la ville l'extension qu'elle pourra avoir de ce côté.

Il n'a pas été possible d'éviter la caustique qui forme le prolongement du chemin vers Gray, à cause du mamelon de la Motte qu'il faut tourner. L'on ne pourrait pas non plus contourner le cirque que parcourt le Durgeon, à moins de composer le tracé d'une série de courbes à très-petits rayons.

La station de Vesoul sera du premier ordre, c'est-à-dire qu'elle comprendra tous les accessoires nécessaires à la réparation des machines et à la remise des voitures.

Les viaducs sont au nombre de 50; savoir :

Passage des routes et chemins. Rectifications.

1. 2. 3. Dans la commune de Bavilliers. Trois passages par-dessus la voie, de la route royale n.° 83 et de deux chemins.

4. Dans la commune d'Essert. Un passage sous la voie, d'un chemin.

5. Dans la commune de Chalonvillars. Un passage par-dessus la voie, du chemin de Belfort à Chenebier.

6. 7. Dans la commune de Frahier. Deux passages sous la voie, de deux chemins.

8. 9. Dans la commune de Chenebier. Deux passages sous la voie, de deux chemins.

10. Dans la commune d'Étobon. Un passage par-dessus la voie, du chemin de Beverne à Étobon.

11. 12. Dans la commune de Lyoffans. Deux passages sous la voie, des chemins de Lyoffans à Moffans et de Palante à Moffans.

13. Dans la commune de Frotey-les-Lure. Un passage sous la voie, d'un chemin.

14. 15. 16. Dans la même commune. Trois passages par-dessus la voie, du chemin de Frotey, de Roye à Moffans et d'un chemin d'exploitation.

17. 18. Dans la commune de Roye. Deux passages sous la voie, d'un chemin d'exploitation et du chemin de Roye à Luvelle.

19. Dans la commune de Lure. Un passage sous la voie, d'un chemin d'exploitation.

20. Dans la commune de Bouhans-les-Lure. Un passage par-dessus la voie, du chemin de la Maison-Rouge.

21. 22. Dans la même commune. Deux passages sous la voie, du chemin de Bouhans à Velotte et d'un chemin d'exploitation.

23. 24. 25. Dans la commune d'Adelans. Trois passages sous la voie, de trois chemins d'exploitation.

26. 27. 28. 29. Dans la commune de Bithaine. Quatre passages sous la voie, de quatre chemins d'exploitation.

30. Dans la commune de la Creuse. Un passage sous la voie, d'un chemin d'exploitation.

31. Dans la commune de Velmainfroi. Un passage sous la voie, d'un chemin d'exploitation.

32. Dans la commune de Creveney. Un passage par-dessus la voie, d'un chemin d'exploitation.

33. 34. Dans la même commune. Deux passages sous la voie, d'un chemin d'exploitation.

35. 36. 37. Dans la commune de Saulx. Trois passages sous la voie, de deux chemins d'exploitation et du chemin de Saulx à Colombotte.

38. Dans la même commune. Un passage par-dessus la voie, du chemin de Saulx à Bois-le-Bas.

39. 40. 41. 42. 43. Dans la commune de Colombier. Cinq passages sous la voie, du chemin de Colombier à Montcey, de la route de Vesoul à Luxeuil, du chemin de Colombier à Comberjon, et de deux chemins d'exploitation.

44. Dans la même commune. Un passage par-dessus la voie, d'un chemin d'exploitation.

45. 46. 47. 48. 49. Dans la commune de Coulvon. Cinq passages sous la voie, du chemin de Coulvon au Moulin, de Coulvon à Frotey-les-Vesoul, de Vesoul à Coulvon, et de deux chemins d'exploitation.

5o. Dans la commune de Vesoul. Un passage sous la voie, du chemin de Vesoul à Coulvon.

Tous les autres passages sont effectués à niveau.

Partout où la nécessité s'en faisait sentir, nous avons opéré des rectifications de routes et de chemins, afin de faciliter et de diminuer la construction des viaducs, ainsi que des passages à niveau. La plus considérable de ces rectifications est celle de la route de Vesoul à Luxeuil, sur 400 mètres de longueur.

Il en a été de même pour les rivières et les ruisseaux.

Nous n'avons, dans toute l'étendue de la deuxième section, que deux courbes de 800 mètres de rayon. Toutes les autres sont de 1000 et au-dessus.

La première courbe de 800 mètres, contourne le contre-fort de Beverne, la seconde, le mamelon dit Montaigu, dans la vallée du Durgeon.

Le tracé monte par des rampes continues de $0^m,004$ au maximum jusqu'au col de Chalonvillars, qui est le point culminant du chemin de fer; puis il descend par des pentes dont le maximum est de $0^m,0045$, jusqu'au delà de Lure. Il n'y a qu'une seule exception sur 950 mètres de longueur, au delà de Lure, dont la rampe est de $0^m,0047$. A partir du vallon des Franches-Communes, la ligne s'élève de nouveau en rampes, afin d'abréger la longueur du souterrain du mont Jarrot. Après avoir traversé ce col, l'on descend par des pentes, dont le maximum est de $0^m,0045$, jusqu'à Vesoul.

TABLEAU DES COURBES, RAMPES ET PENTES DE LA 2.ᵉ SECTION.

PARTIES droites.	COURBES.		RAMPES.		PENTES.		PARTIES horizontales.
	Rayons.	Longueurs.	Inclinaisons.	Longueurs.	Inclinaisons.	Longueurs.	
424,80	≠	≠	≠	≠	≠	≠	424,80
≠	1000	775	0,003	1205	≠	≠	≠
330	≠	≠	≠	≠	≠	≠	1682,50
≠	1500	1174	0,004	2822,50	≠	≠	≠
4235	≠	≠	0,002	400	≠	≠	≠
≠	1000	370	0,004	1003	≠	≠	≠
335	≠	≠	≠	≠	0,004	4180,50	≠
≠	1000	335	≠	≠	≠	≠	982,50
1520	≠	≠	≠	≠	0,0045	3661	≠
≠	1000	281	≠	≠	0,0025	225	≠
≠	1000	826	≠	≠	0,0045	5205	≠
≠	1000	652	≠	≠	0,0025	187	≠
1527	≠	≠	≠	≠	0,0045	1600	≠
≠	1000	435	≠	≠	≠	≠	800
140	≠	≠	≠	≠	0,004	4200	≠
≠	1000	444	≠	≠	0,00283	1412	≠
813	≠	≠	≠	≠	≠	≠	644
≠	1000	70	≠	≠	0,00147	950	≠
720	≠	≠	≠	≠	≠	≠	328
≠	1000	587	0,002	3520	≠	≠	≠
≠	800	839	≠	≠	≠	≠	250
≠	1000	1011	0,004	2302	≠	≠	≠
956	≠	≠	≠	≠	≠	≠	250
≠	1000	454	0,00394	845	≠	≠	≠
650	≠	≠	≠	≠	≠	≠	330
≠	1000	325	≠	≠	0,0045	1159	≠
603	≠	≠	≠	≠	0,002	250	≠
≠	1000	268	≠	≠	0,0045	1584	≠
1088	≠	≠	≠	≠	0,004	1282	≠
≠	1000	115	≠	≠	≠	≠	250
6792	≠	≠	≠	≠	0,004	2130	≠
≠	1000	220	≠	≠	≠	≠	250
1007	≠	≠	≠	≠	0,004	759	≠
≠	1000	602	≠	≠	0,0045	1245	≠
1696	≠	≠	≠	≠	0,002	250	≠
≠	1000	378	≠	≠	0,0045	5746	≠
437	≠	≠	≠	≠	0,002	250	≠
≠	1000	388	≠	≠	0,0045	4128	≠

PARTIES droites.	COURBES.		RAMPES.		PENTES.		PARTIES horizontales.
	Rayons.	Longueurs.	Inclinaisons.	Longueurs.	Inclinaisons.	Longueurs.	
1826	=	=	=	=	=	=	1215
=	1500	1081					
886	=	=					
=	1000	1431					
647	=	=					
=	1000	587					
853	=	=					
=	1000	250					
585	=	=					
=	1000	57					
2114	=	=					
=	1000	287					
979	=	=					
=	1000	1527					
227	=	=					
=	1000	857					
477	=	=					
=	1250	751					
952	=	=					
=	1000	360					
67	=	=					
=	1000	578					
1019	=	=					
=	1000	443					
293	=	=					
=	800	739					
212	=	=					
=	1000	567					
924	=	=					
=	1400	438					
934	=	=					
=	1000	294					
1489	=	=					
=	1000	674					
690	=	=					

3.ᵉ **SECTION.** — DE VESOUL A GRAY.

 Le tracé général dans cette partie a été justifié dans le chapitre 5. Après avoir contourné le mamelon de la Motte par une caustique, on traverse obliquement la vallée de Durgeon sur un remblai de peu de hauteur, et l'on arrive sur le versant gauche de cette vallée, à l'aval de Vaivre, et l'on se tient au pied de l'escarpement qui la borde. Entre Vaivre et Charriez au bas du *Camp romain,* on rectifie en ligne droite le cours du Durgeon, ainsi que le chemin latéral de Vesoul à Raze, que l'on emprunte sur une petite étendue, pour y établir la voie de fer, afin de n'être pas obligé d'attaquer le contrefort très-élevé sur lequel est assis le Camp romain.

A Charriez nous avons projeté une station du quatrième ordre.

Au-dessus de Charriez le tracé se maintient toujours à gauche du chemin, remonte la vallée de la Baignotte jusqu'à Velle-le-Châtel en amont de Mont-le-Vernois, où se trouve établie une station du quatrième ordre, destinée à desservir cette commune, ainsi que celles de Velle, de Baignes, Clans, Boursières, etc.

Au droit de Charriez, le Durgeon se retourne à angle droit, pour se jeter dans la Saône au-dessus de Scey. Nous n'avons pas suivi cette vallée par les motifs que nous avons exposés dans le chapitre 5, puisque nous aurions gagné la Saône trop haut, et que le tracé dans cette vallée, pour arriver à Gray, aurait offert trop de difficultés.

Après avoir traversé en remblai la vallée de la Baignotte, le tracé monte à Clans, sur le plateau de terrain moderne et riche en minerai de fer qui domine la Saône. L'arrivée à Raze s'opère par une tranchée de $16^{m},18$ de hauteur maximum dans le calcaire lacustre. Cette tranchée franchit le col qui sépare les vallées du Durgeon et de la Romaine.

A Raze sera établie une station du quatrième ordre, pour desservir Rosey, Mailley, Vy-le-Ferroux, Noidans-le-Ferroux, etc.

Le tracé se prolonge ensuite presque en ligne droite jusqu'à Neuvelle-Les-La-Charité, où sera établie une station du troisième ordre.

A partir de Neuvelle, la ligne suit le versant de droite de la vallée de la Romaine, en se tenant au-dessus de Pont-de-Planche. Elle traverse la vallée en remblai, vis-à-vis de Vezet, où se trouve une station du troisième ordre, desservant les communes situées dans la vallée de la Romaine, telles que Fresnes-Saint-Mamès, Greucourt, etc.

Après avoir franchi l'extrémité du bois de Talmet, nous remontons la vallée de la Jouanne jusqu'aux Bâties, en suivant une dépression qui se manifeste dans le terrain en avant de l'*étang de Savary*, dans le bois de Saint-Gand. Nous franchissons près de cet étang le col qui sépare la vallée de la Jouanne de celle de la Morte.

Le déblai à faire pour franchir ce col est de 15 mètres de hauteur maximum; il est établi dans le sable moderne, qui contient du minerai de fer pisiforme, dont l'exploitation couvrira en partie les frais de terrassements.

Le sable moderne qui constitue ce terrain étant très-mobile, nous avons projeté des percés pour soutenir les talus de la tranchée.

Après avoir passé l'étang de Savary, le tracé se porte dans le ruisseau qui sort de cet étang sur le versant méridional et se jette dans la vallée de la Morte à la Chapelle-Saint-Quillain : ce ruisseau sera rectifié dans son cours et sera établi latéralement au chemin de fer.

A la Chapelle-Saint-Quillain nous traversons la Morte pour gagner la rive gauche; nous traversons également l'ancienne voie romaine, de niveau. A côté de ce chemin sera placée une station du troisième ordre pour desservir les communes de La Chapelle, Vellemoz, la Madeleine, Étrelles, Francs-le-Château, Gy, Buccy-les-Gy, Vantoux, etc.

Nous suivons le versant gauche de la vallée, en passant devant Vellemoz et Igny, où sera établie une station du quatrième ordre; le tracé s'infléchit alors par une courbe de 1070 mètres de rayon pour arriver devant Igny, où il traverse la vallée et où sera établie une station pour les communes de Sauvigney, de Citey, de Gy, de Choye, etc.

Devant Sauvigney on traverse une seconde fois la Morte et l'on revient sur le versant de gauche, que l'on suit jusqu'à Saint-Broing, où est une nouvelle station du quatrième ordre. Cette station dessert les communes de Nantuard, de Saint-Loup, de Velesme, de Villefrançon, etc.

Au-dessous de Saint-Broing le tracé se porte sur le versant de droite, qu'il suit en passant au pied de Corneux, à gauche d'Ancier, jusque dans la vallée de la Saône au-dessus de Gray.

L'on traverse ensuite la Saône et l'on arrive sur la rive gauche, derrière le port de Gray, où sera établie la station.

Station
de Gray.

La station de Gray sera placée en amont de la route. Cette disposition a l'avantage de laisser le terrain en aval à la disposition du commerce pour l'agrandissement du port et des établissements qui en dépendent, et l'on trouve un vaste espace libre pour les magasins, bureaux, remises et autres accessoires de la station.

Les accès de la station sont plus faciles en amont du pont qu'en aval, où le port, dont l'importance grandit chaque jour, envahit la rive de la Saône sur une très-grande étendue. L'ancienne écluse qui est accolée au pont, devra être reconstruite sur de plus grandes dimensions, afin de permettre le passage des bateaux à vapeur de la basse Saône. Ces bateaux pourront ainsi arriver devant la station et y trouver un débarcadère sans gêner les mouvements de la navigation marchande, dont les établissements sont en aval du pont.

Un dock devra être établi au-dessus de cette écluse pour le stationnement des bateaux à vapeur, qui pourront ainsi opérer leurs chargements et déchargements sans frais de camionage.

Passage
des routes
et chemins.
Rectifications.

Les routes et chemins ont été passés de niveau, autant que possible.

Les viaducs sont au nombre de treize; savoir :

1. Devant Charriez, au passage du chemin de Charriez à Montigny-les-Vesoul. Le chemin passe au-dessous de la voie de fer.

2. 3. Dans la commune de Clans, avant la traversée de la Baignotte, et après cette traversée, l'on rencontre les chemins de Baignes à Vesoul et de Clans à Velle. Ces chemins passeront sous la voie.

4. 5. En avant de la station de Raze, un passage de la traversée de ce village et d'un chemin d'exploitation ; l'on passera au-dessous de la voie.

6. A la traversée de Pont-de-Planche ; un passage sous la voie.

7. Dans la commune des Bâties. Un passage sous la voie, du chemin des Bâties à Vezet.

8. Dans la commune de la Vernotte. Un passage sous la voie, du chemin des Cordes aux Sept-Fontaines.

9. Au faîte du col de Savary, même commune, le chemin de Fresnes-Saint-Mamès à Gy passera au-dessus de la voie de fer.

10. Dans la commune de Vellemoz. Un passage sous la voie, du chemin de Vellemoz à Angirey.

11. Dans la commune d'Angirey. Un passage sous la voie, du chemin de Vantoux.

12. Dans la commune de Sauvigney. Un passage sous la voie, du chemin de Sauvigney à Angirey.

13. Dans la commune de Corneux. Un passage par-dessus la voie, du chemin de Corneux.

Toutes les autres traversées passeront la voie de fer à niveau.

Quand deux ou plusieurs chemins traversent la ligne à peu de distance l'un de l'autre, l'on ne leur a donné qu'un passage commun. Les détails de ces rectifications se trouvent dans le tableau des ouvrages d'art.

Quand il s'agit de longer une vallée ou de traverser un cours d'eau, l'on a rectifié, autant que possible, leur lit, afin de diminuer le nombre des ponts. Ces coupures de rectification ont été établies dans le Durgeon près de Charriez, ainsi que dans la Morte dont le cours est très-sinueux.

Les plans au $\frac{1}{10000}$ et les tableaux des ouvrages d'art donnent les détails de ces coupures.

La plupart des courbes ont plus de 1000 mètres de rayon : une seule a 650 mètres au sortir de Vesoul. Au cas particulier, cette petite courbe est sans inconvénient, puisqu'elle est placée aux approches d'une station.

Le tracé présente un grand nombre de courbes de 2000 et 3000 mètres de rayon.

Le tracé se développe par des pentes continues de $0^m,0035$ au maximum, jusque près de la station de Charriez, où il se relève par des rampes pour monter la vallée de la Baignotte et gagner le contre-fort de Razé. Après avoir franchi ce col, l'on descend en pente pour atteindre la vallée de la Romaine ; l'on remonte ensuite, par une rampe de $0^m,005$, la vallée de la Jouanne, pour franchir le col de Savary, après lequel l'on continue à descendre les vallées de la Morte et de la Saône jusqu'à Gray.

Le maximum des rampes et des pentes est de $0^m,005$ sur une longueur de $5428^m,23$. Toutes les autres inclinaisons sont au-dessous de cette limite.

TABLEAU DES COURBES, RAMPES ET PENTES DE LA 3.ᵉ SECTION.

PARTIES droites.	COURBES.		RAMPES.		PENTES.		PARTIES horizon-tales.	OBSERVATIONS.
	Rayons.	Longueurs.	Inclinaisons.	Longueurs.	Inclinaisons.	Longueurs.		
225	=	=	=	=	=	=	300	
=	650	1589	=	=	0,0017	1500	=	
430	=	=	=	=	0,0035	3000	=	
=	1000	424	=	=	=	=	719,75	
3655	=	=	0,003082	1827,53	=	=	=	
=	2200	1835,53	=	=	0,002	2853,72	=	
=	1300	851,71	0,00246	1949,74	=	=	=	
=	1750	1939,50	0,0045	1739,48	=	=	=	
380	=	=	0,00194	2948,38	=	=	=	
=	1500	1603	=	=	=	=	1216,94	
169	=	=	=	=	0,0035	7992,80	=	
=	1300	1016,48	0,005	5427,83	=	=	=	
1116	=	=	=	=	=	=	967	
=	1500	696,38	=	=	0,004	11404,25	=	
1570	=	=	=	=	0,002	2201,00	=	
=	4000	1605,68	=	=	=	=	2163,63	
1462	=	=	=	=	0,0005	6000	=	
=	2000	1221,83						
932	=	=						
=	3500	1206,46						
752	=	=						
=	3500	1701,70						
370	=	=						
=	3000	1094,20						
155	=	=						
=	1500	1222,47						
1363	=	=						
=	3000	615,23						
1659	=	=						
=	2000	1047,20						
=	1500	760,22						
=	3000	2929,33						
1184,82	=	=						
=	1070	1866,56						
1546,50	=	=						
=	1050	1419,65						
1494	=	=						
=	3500	1221,10						
3446	=	=						
=	3500	1129,50						
3306	=	=						

4.ᵉ **SECTION.** — DE GRAY A DIJON.

Le tracé entre Gray et Dijon offre peu de difficultés. Après avoir quitté Tracé général. la station de Gray, il suit sur un remblai élevé au-dessus des hautes eaux la vallée de la Saône ; il traverse sur un pont la rivière immédiatement à l'aval de Gray, et une seconde fois au-dessous de Mantoche.

Au pied de l'escarpement de Mantoche se trouve une station du quatrième ordre, desservant les communes d'Apremont, de Champvans, de Velet, etc.

Il longe alors la dérivation éclusée de la Saône que l'on vient d'ouvrir dans l'intérêt de la navigation, et l'on arrive au pied du coteau d'Essertenne, où l'on traverse le lit de la rivière, après l'avoir au préalable rectifié dans le prolongement de la coupure.

Une seconde station est projetée en ce point.

L'on quitte ensuite la vallée de la Saône pour s'élever sur le plateau qui règne jusqu'à Dijon. On traverse le ravin de Cecey, le bois des hautes et basses Menzelles et l'on arrive au-dessous de Jancigny, après avoir franchi par une tranchée de 11^m,51 le col qui sépare la vallée de la Saône de celle de la Vingeanne.

A Jancigny est une station du quatrième ordre pour les communes de Renève-l'Église, Talmay, etc.

L'on traverse ensuite en remblai la vallée de la Vingeanne, et l'on établit une station sur le chemin de Cheuge à Saint-Sauveur.

Puis l'on continue à se développer dans la plaine à peu près en ligne droite pour arriver dans la vallée de la Bèze, après avoir franchi le col de partage à Montmançon, par une tranchée de 7^m,19 de hauteur maximum.

Sur la route de Pontaillier à Mirebeau est établie une station du deuxième ordre, destinée à desservir les communes de Mirebeau, Bezouotte, Montmançon, Marandeuil, Drambon, Pontaillier, etc.

L'alignement rectiligne se continue dans la plaine jusqu'à Arçon, où se trouve une station pour les communes voisines de Belleneuve, Magny-Saint-Médard, Trochères, Étevaux, etc.

Pour arriver à Arçon, l'on franchit le col de partage du vallon de la Bèze et de l'Albane, par une tranchée de 8^m,15 de hauteur maximum.

A partir d'Arçon, le tracé, après avoir traversé l'Albane, se jette sur la gauche par un alignement droit et passe au-dessus de Binges, où se trouve une station du quatrième ordre, desservant Cirey, Tellecey, etc.

En suivant ce tracé, l'on évite les hauteurs du côté de Belleneuve, que l'on ne pourrait franchir sans souterrain, et l'on atteint un point de partage beaucoup plus bas.

Après avoir franchi à la Rougelée le partage de la vallée de l'Albane et de la Tille, le tracé se porte de nouveau sur la droite et touche Arc-sur-Tille, où se trouve une station du troisième ordre, desservant Arcelot, Remilly, Cecey-sur-Tille, Bressey, Izier, etc.

L'on rencontre ensuite une plaine sans accident, que l'on suit en ligne droite jusqu'au delà de Couternon, en traversant en remblai les vallées de la Tille, du Gormerant et de Norges.

A Couternon se trouve une station du quatrième ordre.

La ligne oblique ensuite à droite et passe entre Varois et Saint-Apollinaire, et traverse la route de Dijon à Fontaine-Française, sur laquelle est placée la station de Varrois, Orgeux et Saint-Apollinaire.

Le tracé se développe ensuite en déblai, passe au pied de Pouilly et arrive sur le rempart de Dijon, à l'ouest de la ville.

Station de Dijon. Nous avons fait aboutir notre tracé au point du rempart de Dijon qui paraît avoir été choisi pour l'arrivée du chemin projeté entre Paris et Dijon.

La station de Dijon se trouvant à l'intersection des lignes de Paris, de Lyon et de Mulhouse, exigera une grande surface de terrain pour contenir les divers établissements nécessaires, tels que bureaux, salles d'attente, remises, ateliers de réparation et de construction, magasins, etc. Il nous paraît difficile de remfermer ces bâtiments dans la zone étroite des remparts de Dijon, et, par suite, d'organiser un service commode et complet.

Quoi qu'il en soit, nous avons cru devoir subordonner notre tracé à celui de Paris à Dijon, en ne prenant, d'ailleurs, aucun engagement à cet égard, attendu que cette question du point d'arrivée et de la station de Dijon devra être examinée d'une manière plus sérieuse et discutée par les divers intéressés, lorsque l'exécution du chemin de fer sera ordonnée.

Passage des routes et chemins. Les viaducs sont au nombre de huit; savoir :

1. Dans la commune de Talmay. Un passage par-dessus la voie de fer, de la route de Gray à Pontaillier.

2. Dans la commune de Montmançon. Un passage par-dessus la voie du chemin de Montmançon à Cheuge.

3. Dans la commune de Charmes. Un passage sous la voie, du chemin du Marais à Charmes.

4. Dans la commune de Baignes. Un passage par-dessus la voie, de la route de Dijon à Pontaillier.

5. Dans la commune de Varois. Un passage sous la voie, du chemin de Varois à la Rente de Carceau.

6. Dans la même commune. Un passage sous la voie, de la route royale de Dijon à Gray.

7. Dans la commune de Dijon. Un passage par-dessus la voie, du chemin de Ruffey.

8. Dans la commune de Dijon. Un passage par-dessus la voie des routes réunies d'Avallon à Combeau-Fontaine et de Paris à Genève.

Tous les autres chemins traversés passeront la voie de fer à niveau.

De même que pour les autres sections, l'on a rectifié, dans certains cas, les chemins aux approches des passages de la voie, afin de ne pas trop multiplier ces passages.

Il en est de même des ruisseaux et rivières, qui ont été rectifiés partout où les sinuosités le permettaient, afin d'économiser les ponts.

Les plans au $\frac{1}{10000}$ et les tableaux des ouvrages d'art donnent les détails de ces coupures.

La plupart des courbes ont des rayons de plus de 2000 mètres. Cependant, pour remonter de la Saône sur le plateau d'Essertennes, l'on a été obligé d'adopter une courbe de 818 mètres de rayon. Une autre de 600 mètres existe aux abords de Dijon. Cette dernière courbe sera, sans doute, modifiée lorsque la question de l'arrivée à Dijon sera définitivement résolue.

Les pentes et rampes ont des inclinaisons qui ne dépassent pas $0^m,004$. La plupart d'entre elles n'atteignent pas cette limite.

Ces rampes et pentes sont d'ailleurs distribuées de manière à faire suivre au chemin le relief naturel du sol.

TABLEAU DES COURBES, RAMPES ET PENTES DE LA 4.ᵉ SECTION.

PARTIES droites.	COURBES.		RAMPES.		PENTES.		PARTIES horizontales.
	Rayons.	Longueurs.	Inclinaisons.	Longueurs.	Inclinaisons.	Longueurs.	
=	2000	2378	=	=	=	=	10376,07
4064	=	=	0,002652	4816,70	=	=	=
=	1200	1105,40	=	=	0,002238	3472,17	=
1920,65	=	=	0,002501	2801,41	=	=	=
=	818	668,15	=	=	0,003264	3077,13	=
705,35	=	=	0,0023823	4666,82	=	=	=
=	2000	1336,82	0,004	3322,50	=	=	=
3717,71	=	=	=	=	=	=	6658,20
=	2000	401,43	0,0036257	5955,02	=	=	=
1884,16	=	=	0,002	3820,15	=	=	=
=	2400	356,05					
7368,28	=	=					
=	2000	634,05					
1696,30	=	=					
=	5365	490,73					
2586,30	=	=					
=	1200	1612,50					
971,10	=	=					
=	2000	1431,00					
4292,60	=	=					
=	2785	1419,00					
233,00	=	=					
=	2000	1018,60					
2165,92	=	=					
=	2000	1858,50					
447	=	=					
=	5600	1411,20					
62	=	=					
=	600	276,23					
454,22	=	=					

Ainsi que nous l'avons déjà dit, nous avons étudié un embranchement de Gray à Pontaillier, lequel se soude à la ligne de Besançon à Dijon, qui passe par cette localité.

Embranche-
ment
de Pontaillier.

Cet embranchement quitte notre tracé au pied du coteau d'Essertennes et suit la vallée de la Saône, en se tenant constamment sur la rive droite. Cette vallée est fort large et ne présente aucun contre-fort saillant, comme cela a lieu dans la partie supérieure de son cours, de sorte que le chemin de fer pourra s'établir sans aucune espèce de difficulté.

La carte au $\frac{1}{40000}$, jointe au projet, porte l'indication de cette ligne secondaire.

Dans le cas où le Gouvernement donnerait la préférence à la ligne de Dijon à Mulhouse par Gray, Vesoul et Belfort, il importerait de relier la ville de Besançon à ce tracé, ainsi qu'à celui de Paris, en exécutant la partie du projet qui comprend Besançon, Pontaillier et Dijon, ainsi que l'embranchement de cette dernière localité sur Gray.

Réciproquement, si la ligne de Dijon à Mulhouse par Besançon et Montbéliard était adoptée, il serait d'un grand intérêt de relier le port de Gray à la ligne d'exécution, au moyen de l'embranchement projeté, à moins que, dans l'un ou l'autre cas, l'on n'établisse une voie plus directe entre ce port et Besançon, en passant par Oiselay.

Nous n'avons étudié l'embranchement de Pontaillier que dans le but de reconnaître la possibilité de souder les deux lignes rivales. Quand le Gouvernement aura prononcé, il sera temps d'examiner ce qu'il convient de faire dans l'intérêt général et dans celui des localités.

Ce qu'il convient surtout de constater, c'est l'importance du port de Gray. Cette importance, que nous avons développée dans le 3.ᵉ chapitre, est telle qu'il est absolument nécessaire de le relier au grand réseau des chemins de Paris à Lyon et à Strasbourg.

CHAPITRE VI.

Estimation des dépenses.

Le montant total des dépenses qu'exigera l'établissement du chemin de fer sur 211 098 kilomètres de développement est de . . . . . 41 236 306,^{f}81^c

lesquelles se décomposent comme il suit :

1.° Acquisitions de terrains et bâtiments . . . . 2 038 017,^{f}81^c
2.° Terrassements. 11 946 526, 00
3.° Ouvrages d'art 5 605 788, 00
4.° Voies de fer 17 290 530, 00
5.° Dépendances 4 355 445, 00

                Total pareil 41 236 306, 81

Si à cette somme l'on ajoute :

1.° Le montant de la dépense pour l'acquisition du matériel d'exploitation, ci 3 263 000, 00

2.° Les frais généraux d'étude, de surveillance et de direction 1 000 000, 00

L'on obtient la somme totale de. 45 499 306, 81

A quoi nous avons ajouté, pour cas imprévus, une somme à valoir de 2 500 693, 19

Ce qui porte l'estimation totale à la somme de 48 000 000, 00

Dans le cas où les travaux seraient exécutés aux frais d'une compagnie, il faudrait tenir compte de l'intérêt à 4 pour cent des actions payées successivement pendant la durée moyenne des travaux, c'est-à-dire pendant quatre années; ce qui exigerait un prélèvement en capital d'environ 4 000 000, 00

Notre estimation totale est en conséquence de . . . . . 52 000 000,^{f}00^c

Nous avons porté une somme à valoir de 2,500,693 francs 19 centimes pour nous conformer à l'usage, quoique nous soyons persuadés qu'elle ne sera pas dépensée ni même attaquée, attendu que nos estimations sont en général très-élevées et qu'elles ont été établies avec le plus grand soin et des détails minutieux, comme l'on peut s'en convaincre par l'examen des tableaux joints au projet.

Ainsi, nous avons estimé la valeur des ouvrages d'art d'après les prix du pays et ensuite de métrés exacts, relevés sur des dessins figuratifs de chaque ouvrage en particulier.

Les terrassements ont été calculés avec tous les détails possibles.

Nous nous sommes également basés, dans l'appréciation des dépenses, sur les prix des ouvrages de même nature exécutés aux chemins de fer de Strasbourg à Bâle et de Mulhouse à Thann, et notamment aux chemins belges, pour lesquels nous avons en notre possession la précieuse collection des devis, métrés et comptes-rendus des ingénieurs et du Gouvernement.

En conséquence nous pouvons admettre que le chiffre de 41 236 306,^{f}81^c suffira pour l'exécution des travaux.

Si l'on y ajoute la somme de . . . . . 3 263 000^{f}00^c

pour acquisition du matériel,

et celle de 1 000 000 00

pour frais généraux.

4 263 000 00	4 263 000 00

La dépense s'élèvera à . . . . 45 499 306^{f}81^c

En supposant toutefois l'intérêt non garanti aux actionnaires et en admettant que les travaux seront exécutés par le Gouvernement.

Dans cette dépense figurent les détails des travaux de toute nature qui entrent dans l'exécution d'un chemin de fer.

Ainsi, nonobstant les ouvrages principaux, tels qu'acquisitions de terrains, terrassements, ouvrages d'art (comprenant les souterrains, ponts, pontceaux, pérés, enrochements, murs de soutennement, viaducs, aqueducs, passages de niveau au-dessus et au-dessous des routes, barrières, etc.), les voies de fer; les dépendances (comprenant les stations, magasins, ateliers de réparations, fours à coke, croisements de voies, excentriques, voies multiples, plates-formes tournantes, clôtures, haies, murs), nous avons tenu compte des guérites des gardes, des wagons de terrassements; des poteaux indicateurs, guidons et outils de garde; de l'abornement du chemin; des outils de pose et d'encastrement; des magasins provisoires, etc.

Quant au matériel, nous l'avons augmenté au delà des besoins probables. Ainsi, en admettant un service de quatre convois par jour et composés :

D'une diligence,

De trois chars-à-bancs,

De cinq wagons pour voyageurs,

De deux wagons pour bagages,

D'un wagon de marchandises de messageries,

Chaque train ne fera qu'un voyage. Il faudra donc chaque jour en marche:

8 diligences,

24 chars-à-bancs,

40 wagons pour voyageurs,

16 *idem* pour bagages,

8 *idem* pour marchandises.

L'on compte qu'il en faut autant en réserve pour addition aux convois, pour trains extraordinaires, etc.

L'on aurait donc :

16 diligences, tandis qu'on en porte. 22

48 chars-à-bancs, *idem* 54

80 wagons pour voyageurs, *idem* 85

32 *idem* pour bagages, *idem* 30

16 *idem* pour marchandises, *idem*. 100

Nous avons augmenté principalement le nombre des wagons de marchandises, parce que nous avons l'espoir que le chemin servira de voie au transit.

Nous avons ajouté aussi 60 wagons pour le transport des houilles de Saône et Loire.

Toutes nos autres estimations sont établies aussi largement. Nous avons essentiellement tenu à échapper au reproche de vouloir faire accorder la préférence à notre projet par une dissimulation ou une atténuation quelconque de la dépense. C'est dans cette vue que nous avons produit tous les éléments et tous les résultats de nos calculs, afin que chacun pût les vérifier, s'assurer de leur exactitude et se convaincre de la loyauté et de la franchise qui a présidé à notre travail.

Si l'on compare la dépense de 52,000,000 de francs à laquelle nous arrivons, en y comprenant la somme à valoir et les intérêts, avec celle qu'exigent les

chemins déjà exécutés ou en projet dans des localités semblables, l'on se con-
vaincra qu'elle est à peu près dans les mêmes limites.

Ainsi, la dépense, par kilomètre, de notre projet est de . . . 245 300^f

Celle du chemin de Paris à Dijon, ou plutôt de Montereau à
Châlons, est de. 272 000

Nous ne pensons pas que l'exécution d'une ligne qui présente d'aussi grands
accidents de terrains, puisse être inférieure à notre estimation, quelle que soit
d'ailleurs la direction qu'on choisisse pour réunir les deux points extrêmes.

Les détails que nous avons donnés constatent que la dépense relative à
l'établissement du chemin proprement dit, comprenant : 1.° l'acquisition des
terrains; 2.° les terrassements; 3.° les ouvrages d'art, s'élèvera à la somme
de. . . . . 19 590 331^{f}81^c

Si l'on y ajoute une partie de la somme à valoir de
2 500 693^{f}19^c et des frais généraux montant à 1 000 000^f 2 000 693 19

Le montant total des frais d'établissement sera de. . . 21 591 025^{f}00^c

L'ameublement du chemin, comprenant : 1.° la voie de fer; 2.° les dépendances; 3.° le matériel d'exploitation, sera de . . . . . . 24 908 975^{f}00^c

Si l'on y ajoute la partie de la somme à valoir et des frais
généraux afférents à ces travaux, ci 1 500 000 00

Le montant des frais d'ameublement du chemin de fer
sera de . . . . 26 408 975^{f}00^c

Il est beaucoup question d'un projet qui permettrait d'exécuter les principales lignes de chemins de fer en France. Ce projet consisterait à établir une
espèce d'association entre l'État, les départements et les compagnies, laquelle
association aurait pour résultat de faire participer chacune de ces fractions
de l'intérêt général à l'exécution des chemins.

Il est reconnu aujourd'hui que les compagnies sont impuissantes à exécuter
de grandes lignes qui exigent l'emploi de forts capitaux. Les déceptions qu'elles
ont subies dans ces derniers temps, et, par suite, la froideur ou plutôt l'anti-
pathie des capitalistes à jeter leurs fonds dans ces sortes d'entreprises, ne sont
que trop connues.

Les compagnies ne peuvent donc pas agir seules, et le concours de l'État
leur est indispensable. Au lieu d'appeler ce concours par des subventions ou

des garanties de minimum d'intérêt, ainsi qu'on l'a pratiqué jusqu'à présent, il paraîtrait que l'on a l'intention de faire participer l'État plus directement, en le chargeant de l'établissement du chemin proprement dit, c'est-à-dire des travaux d'art et des terrassements; de faire voter par les localités, soit par les conseils généraux, soit par les conseils municipaux, la cession gratuite des terrains; et subsidiairement, de livrer le chemin ainsi établi à une compagnie qui se chargerait de son ameublement, c'est-à-dire de la pose de la voie de fer, des stations et du matériel d'exploitation, à charge par l'État de lui octroyer un tarif et une concession, soumis l'un et l'autre à des conditions d'intérêt général.

Dans cette hypothèse, la part qui reviendrait dans les dépenses à chaque partie, serait distribuée de la manière suivante.

Part de l'État. Terrassements, ouvrages d'art :

Ouvrages effectifs . . . . 17 552 314,^{f}00^c
Frais de surveillance et somme à valoir . 1 700 693, 19 } 19 253 007,^{f} 19^c

Part des localités. Acquisitions des terrains et bâtiments :

Dépenses effectives . . . . 2 038 017,^{f}81^c
Somme à valoir . . . . 300 000, 00 } 2 338 017, 81

Part de la compagnie concessionnaire. Voies de fer, dépendances, matériel d'exploitation :

Travaux effectifs . . . . 24 908 975,^{f}00^c
Frais de surveillance et somme à valoir . 1 500 000, 00
Intérêts à 4% aux actionnaires, calculés sur trois années d'exécution et admettant des versements successifs . . . . . . 1 600 000, 00 } 28 008 975, 00

La dépense totale serait de . . . . 49 600 000,^{f}00^c

Strasbourg, le 31 octobre 1841.

PROJET DE TARIF

Des droits à percevoir pour couvrir les frais des travaux projetés.

		PRIX		
		de péage.	de transport	TOTAL.
VOYAGEURS par tête et par kilomètre.	Par tête de voyageur, non compris le 10.ᵉ du prix des places dû au Trésor : 1.ʳᵉ CLASSE. Voitures couvertes et fermées à glaces, suspendues sur ressorts.	0,06	0,03	0,09
	2.ᵉ CLASSE. Voitures découvertes, mais suspendues sur ressorts	0,04	0,02	0,06
BESTIAUX	Bœuf, vache, taureau, transporté sur train	0,05	0,03	0,08
	Cheval, mulet, bête de trait.	0,04	0,02	0,06
	Mouton, brebis, chèvre.	0,01	0,0075	0,0175
HOUILLE	Par tonne et par kilomètre.	0,03	0,05	0,08
MARCHANDISES par tonne et par kilomètre.	1.ʳᵉ CLASSE. Pierre à chaux et plâtre, moellon, meulières, cailloux, sable, argile, tuiles, briques, ardoises, fumier, engrais, pavés et matériaux de toute espèce pour la construction des routes, ci.	0,035	0,055	0,09
	2.ᵉ CLASSE. Blés, grains, farines, chaux, plâtres, minerais, coke, charbons de bois, bois de chauffage *dit* de corde, perches, chevrons, planches, madriers, bois de charpente, marbre en blocs, pierre de taille, bitume, fonte brute, fers en barres ou en feuilles, plomb en saumon, ci.	0,045	0,055	0,10
	3.ᵉ CLASSE. Fontes moulées, fer et plomb ouvrés, cuivre et autres métaux ouvrés ou non, vinaigre, vins (boissons), spiritueux, huiles, coton et autres lainages, bois d'ébénisterie, de teinture et autres bois exotiques, sucre, café, drogues, épiceries, denrées coloniales, objets manufacturés, ci	0,055	0,055	0,11
POISSONS DE MER.	Par tonne et par kilomètre	0,080	0,12	0,20
OBJETS DIVERS par tonne et par kilomètre.	Voitures sur plate-forme (poids de la voiture et de la plate-forme cumulés).	0,10	0,06	0,16
	Wagon, chariot ou autre voiture destinée au transport sur le chemin de fer, y passant à vide, machine locomotive ne traînant pas de convoi, ci.	0,07	0,05	0,12
	Tout wagon, chariot ou voiture dont le chargement en voyageurs ou en marchandises ne comportera pas un péage au moins égal à celui qui serait perçu sur ces mêmes voitures à vide, sera considéré et taxé comme étant à vide.			
	Les machines locomotives seront considérées et taxées comme ne remorquant pas de convoi, lorsque le convoi remorqué, soit en voyageurs, soit en marchandises, ne comportera pas un péage au moins égal à celui qui serait perçu sur une machine locomotive avec son allège, marchant sans rien traîner.			

NOTE 1.ʳᵉ

Le transport des marchandises ne peut en général avoir lieu sur les chemins de fer, avec les tarifs tels qu'ils sont établis dans ce moment. Les frais de traction y sont trop considérables. Ce n'est qu'exceptionnellement que ce transport peut être effectué.

Lorsque l'unité de poids de la marchandise a une très-petite valeur intrinsèque, comme le tarif est fondé sur cette unité, il en résulte, par le fait du transport, une telle augmentation de prix que les transports par eau et sur essieux obtiennent l'avantage.

Lorsque l'unité de poids a une valeur considérable, l'influence du prix du transport est beaucoup moindre et elle peut se réduire à une somme proportionnellement si petite, que le transport par la voie de fer peut devenir possible et même avantageux, surtout si l'on fait entrer en ligne de compte les intérêts du capital que la marchandise représente, intérêts qui sont perdus pour le vendeur pendant toute la durée du transport.

Il faut donc que le rapport entre le prix de l'unité de poids de la marchandise et le prix de son transport soit très-petit, pour qu'elle puisse emprunter le chemin de fer avec avantage.

En conséquence, ce ne sont que les marchandises qui ont une grande valeur qui peuvent être transportées par les voies rapides. Tels sont les colis qui aujourd'hui sont expédiés par les messageries; tels sont les objets qu'une longue durée de transport peut avarier; ceux sur lesquels la spéculation peut s'exercer; ceux, enfin, auxquels la mode et le goût ne prêtent qu'une existence éphémère.

Quant aux marchandises dont la valeur intrinsèque est minime, telles que les matières premières, les voies navigables et même les routes ordinaires les transporteront presque toujours avec plus d'avantages que les chemins de fer.

Il est cependant d'un grand intérêt pour le pays que, dans certaines circonstances, ces voies rapides puissent effectuer le transport des marchandises; lorsqu'il s'agit par exemple de lutter contre la rivalité commerciale d'un État voisin. Pour arriver à cet important résultat, il est essentiel que les chemins de fer soient exécutés aux frais du Gouvernement; afin que celui-ci puisse modérer les tarifs de manière à rendre possible les transports des marchandises dans des cas donnés. L'État peut, en effet, se contenter d'un très-faible péage et même s'en priver tout à fait et ne grever le transport que des frais de traction; mais une compagnie doit retirer du transport, non-seulement les frais de traction, mais encore l'intérêt du capital engagé, plus un fonds d'amortissement de ce capital.

En conséquence, nous ne croyons pas que des compagnies exécutant des chemins de fer, puissent transporter des marchandises, leur tendance étant et devant être, sous peine de ruine, d'élever le plus possible leurs tarifs.

Lorsqu'il est question du transport des produits indigènes et des marchandises en transit, dans le cours de notre mémoire, nous supposons toujours que l'État interviendra dans la construction du chemin de fer, d'une manière assez puissante pour qu'il soit maître d'abaisser les tarifs, afin de rendre ces transports possibles, ainsi que l'a fait le gouvernement belge.

Quant à notre tarif, il est projeté dans l'hypothèse où une compagnie se chargerait de l'établissement du chemin; il est par conséquent plus élevé que dans le cas où le Gouvernement interviendrait.

NOTE 2.

Extrait de la Gazette universelle d'Augsbourg.

Palatinat, le 8 février 1841.

L'opinion publique s'occupe de nouveau des chemins de fer, depuis que la gazette universelle, par une série d'articles sur un système général de chemins de fer en Allemagne, a reproduit l'idée d'une ligne partant du Rhin et s'étendant par Heilbronn et Cannstadt, vers Augsbourg et le Danube supérieur. Les avantages qui résulteraient, pour notre province, de cette union avec la Bavière tout entière, sont incalculables. Quand on songe que, par l'établissement de cette ligne, Spire ne se trouvera plus qu'à neuf lieues de Munich, que, par suite, tous les désavantages d'un morcellement de territoire se trouveront annulés, que le transport des troupes pourra s'opérer avec la plus grande facilité, que le placement de nos vins en Bavière se fera à peu de frais, qu'on joigne à tout cela le prolongement de la ligne jusqu'à Metz et qu'on juge.

Depuis longtemps il est prouvé que le transport seul de la houille de la Sarre, d'une part vers le Rhin et de l'autre vers Metz, couvrira suffisamment les frais d'établissement d'un rail-way, et parmi les éléments de succès il faut porter en première ligne le transport des marchandises et des hommes entre Metz et Paris, le Hâvre, une partie de la Belgique d'un côté et l'Allemagne centrale et méridionale de l'autre. Notre ligne étant la plus directe, la plus grande partie de ce mouvement ne pourra manquer de lui échoir. Elle traverserait le Palatinat par le milieu et les deux tiers de son étendue se trouveraient sur le territoire bavarois.

Heureusement pour nous, le mouvement politique en France a entravé jusqu'à ce jour l'établissement des chemins de fer dans ce pays. S'il n'en avait pas été ainsi, nul doute que Strasbourg n'eût attiré à lui tout ce transport et cela à notre grand préjudice.

Il résulte de la déclaration positive du Ministre des finances en France, que les coûteuses fortifications de Paris ne permettront l'établissement d'aucune grande ligne de chemins de fer avant six ans. Puissions-nous profiter de cette paralysie des ressources de la France pour nous fortifier.

NOTE 3.

*Tableau de la richesse industrielle du département du Haut-Rhin
en 1836.*

INDICATION DES INDUSTRIES.	Nombre de dynames utilisés dans les arrondissements de						NOMBRE TOTAL DE DYNAMES utilisés dans les arrondissements de			OBSERVATIONS.
	Colmar.		Altkirch.		Belfort.					
	Hydraulique.	Vapeur.	Hydraulique.	Vapeur.	Hydraulique.	Vapeur.	Colmar.	Altkirch.	Belfort.	
Filatures et ateliers de construction	340	150	=	316	196	169	490	316	365	
Tissages mécaniques et machines à parer	44	53	=	52	67	12	97	52	79	
Impressions	48	6	38	61	75	24	54	99	99	
Blancheries et teintures	11	=	4	13	=	=	11	17	=	
Draperies	11	=	=	=	=	=	11	=	=	
Papeteries	41	=	14	10	=	=	41	24	=	
Ateliers de construction de machines	=	=	5	20	23	=	=	25	23	
Fabriques d'horlogeries et quincailleries	=	=	=	=	=	15	=	=	15	
Fabriques de vis à bois.	=	=	=	=	12	=	=	=	12	
Hauts fourneaux, forges, martinets, taillanderies	=	=	24	=	120	=	=	24	120	
Tréfileries, laminoirs.	19	=	10	=		=	19	10		
Moulins à blé et à tan, foulons, scieries, huileries, etc.	739	=	569	=	588	=	739	569	588	
	1253	209	664	472	1081	220	1462	1136	1301	

Total général des dynames utilisés... **3899**

Lesquels représentent ...... **901** — Dynames à vapeur.

2'998 — Dynames hydrauliques.

Ou un total de... **10000** — Dynames employés.

NOTE 4.

Tableau du mouvement des marchandises, pendant l'année 1839, au port de Mulhouse.

NATURE DES MARCHANDISES.	LIEUX DE				POIDS TOTAL DES MARCHANDISES par tonnes de 1000 kilogr.		TOTAL des arrivages et départs.	OBSERVATIONS.
	Provenance des marchandises.		Destination des marchandises.					
	Arrivages.	Départs.	Arrivages.	Départs.	Arrivages.	Départs.		
Houille.................	Saint-Étienne, Rives-de-Giers, Ragny, Blanzy, Épinac, Theuret, Prusse.	Dépôts de Mulhouse.	Haut-Rhin.	Huningue et Brisach.	tonnes. 95014	tonnes. 3840	tonnes. 98854	Les houilles de la Prusse figurent dans les arrivages à Mulhouse pour une quantité de 376 tonnes.
Articles de teinture, produits chimiques, épicerie, droguerie, mercerie	Le Midi et le Nord.	Bas-Rhin et le Nord.	Mulhouse, la Suisse.	Midi.	17010	15775	32785	
Mécaniques, fers, fontes et autres métaux	Besançon et Strasbourg.	Strasbourg et Mulhouse.	Haut-Rhin et Doubs.	Nord et la Suisse.	4000	2695	6695	
Sel.....................	....	Salines de l'Est.	Suisse, Mulhouse.	Suisse.	2560	960	3520	
Bois, pierres de taille, chaux, briques, moellons, sable et autres matériaux de construction.....	Les départements du Haut- et du Bas-Rhin.	Mulhouse et les environs.	Mulhouse et les environs.	Environs de Mulhouse, Brisach et Huningue.	19595	8680	28275	
Bois de chauffage..............	....	Doubs et Haut-Rhin, la forêt de la Hart.	Mulhouse.	....	8930	=	8930	
Vins, eaux-de-vie, vinaigre, liqueurs, etc................	Midi.	Midi.	Mulhouse, la Suisse, Strasbourg.	La Suisse et le Nord.	1700	1530	3230	
Blé, orge, farine, légumes, etc...	Strasbourg, Haut-Rhin et Bas-Rhin.	Environs de Mulhouse.	Haut-Rhin et Doubs.	Besançon, Midi.	2680	520	3200	
Foin, paille, etc..............	Mulhouse et environs.	Mulhouse.	....	Belfort, Besançon, Huningue et Brisach.	=	1320	1320	
Engrais et tan.................	....	Mulhouse et environs.	....	Hombourg et le Bas-Rhin.	=	240	240	
				Totaux...........	151489	35560	187049	

NOTE 5.

Tableau du mouvement des marchandises, pendant l'année 1839, au port de Strasbourg.

NATURE DES MARCHANDISES.	LIEUX DE				POIDS TOTAL DES MARCHANDISES par tonnes de 1000 kilogrammes.		TOTAL des arrivages et départs.	OBSERVATIONS.
	Provenance des marchandises.		Destination des marchandises.					
	Arrivages.	Départs.	Arrivages.	Départs.	Arrivages.	Départs.		
Houille..........	Dépôts de Mulhouse.	Prusse rhénane et Grand-duché de Bade.	Strasbourg.	Mulhouse et Huningue.	tonnes. 434	tonnes. 376	tonnes. 810	
Sucre, café et autres denrées coloniales, toute espèce d'épicerie et droguerie, bois de teinture, produits chimiques, riz, mélasse et autres comestibles, huiles, savon, graisses, etc..........	Haut-Rhin et l'intérieur.	Hollande, Prusse et Bavière rhénanes, Bas-Rhin.	Strasbourg et environs.	Haut-Rhin et l'étranger par Huningue.	3631	10048	13679	
Blé, farine, légumes..........	....	Bas-Rhin et Bavière rhénane.	....	Haut-Rhin, Suisse, l'intérieur.	″	2209	2209	
Fer, plomb et autres métaux ouvrés et bruts..........	Mulhouse.	Bas-Rhin, Prusse.	Strasbourg.	Idem.	857	3864	4721	
Meubles, mécaniques, métiers, etc., verrerie, poterie..........	Haut-Rhin.	Bas-Rhin.	Bas-Rhin.	Haut-Rhin.	650	773	1423	
Sel..........	....	Salines de l'Est.	....	La Suisse et Bourogne.	″	3714	3714	
Vin, eau-de-vie, esprit, bières, vinaigre..........	Entrepôts de Mulhouse et l'intérieur.	....	Strasbourg.	....	269	″	269	
Bois de construction, pierres de taille, moellons, briques, ciments, mastics, etc..........	Haut-Rhin.	Bas-Rhin.	Strasbourg.	Bas-Rhin et Haut-Rhin.	1055	7877	8932	
Paille et avoine..........	Haut-Rhin et Bas-Rhin.	....	Strasbourg.	....	145	″	145	
Bois de chauffage..........	Forêts du Haut- et du Bas-Rhin.	....	Strasbourg.	....	3184	″	3184	
Petits chargements de cabotage en denrées, mercerie, épicerie, boissons, meubles, etc..........	Colmar, Sélestat, Marckolsheim, Brisach et l'Ill par la Grafft.	Strasbourg.	Strasbourg.	Colmar, Sélestat, Marckolsheim, Brisach et l'Ill par la Grafft.	582	1717	2299	
Totaux..........					10807	30578	41385	

NOTE 6.

———

Tableau statistique du mouvement commercial et annuel du port de Gray (Haute-Saône).

	Tonnes de 1000 kil.	Bateaux à charge entière.	Bateaux à charge moyenne.
Grains, farines, légumes, de Comté, de Bourgogne et de Lorraine...............................	60000	300	600
Fers, fontes, minerais, fers-blancs, etc., *idem, idem*......	45000	225	450
Houilles du Four, de Blanzy.........................	44000	220	440
Vins, esprits et eaux-de-vie, du Midi et de Bourgogne.....	17000	85	170
Sels du Midi, de l'Est, et produits chimiques............	4000	20	40
Épiceries, huiles, bouteilles, du Midi.................	2000	10	20
Meules, de la Haute-Saône, à la destination de Chatellerault, Paris, etc.	2000	10	20
Fayencerie, verrerie, de la Haute-Saône et de la Lorraine...	1000	5	10
Merrains, de la Haute-Saône et des Vosges	10000	50	100
Bois de service et de marine, *idem*	5000	25	50
Articles divers, de toute provenance	12000	60	120
TOTAUX.......	202000	1010	2020

STRASBOURG, imprimerie de V.ᶜ Berger-Levrault.

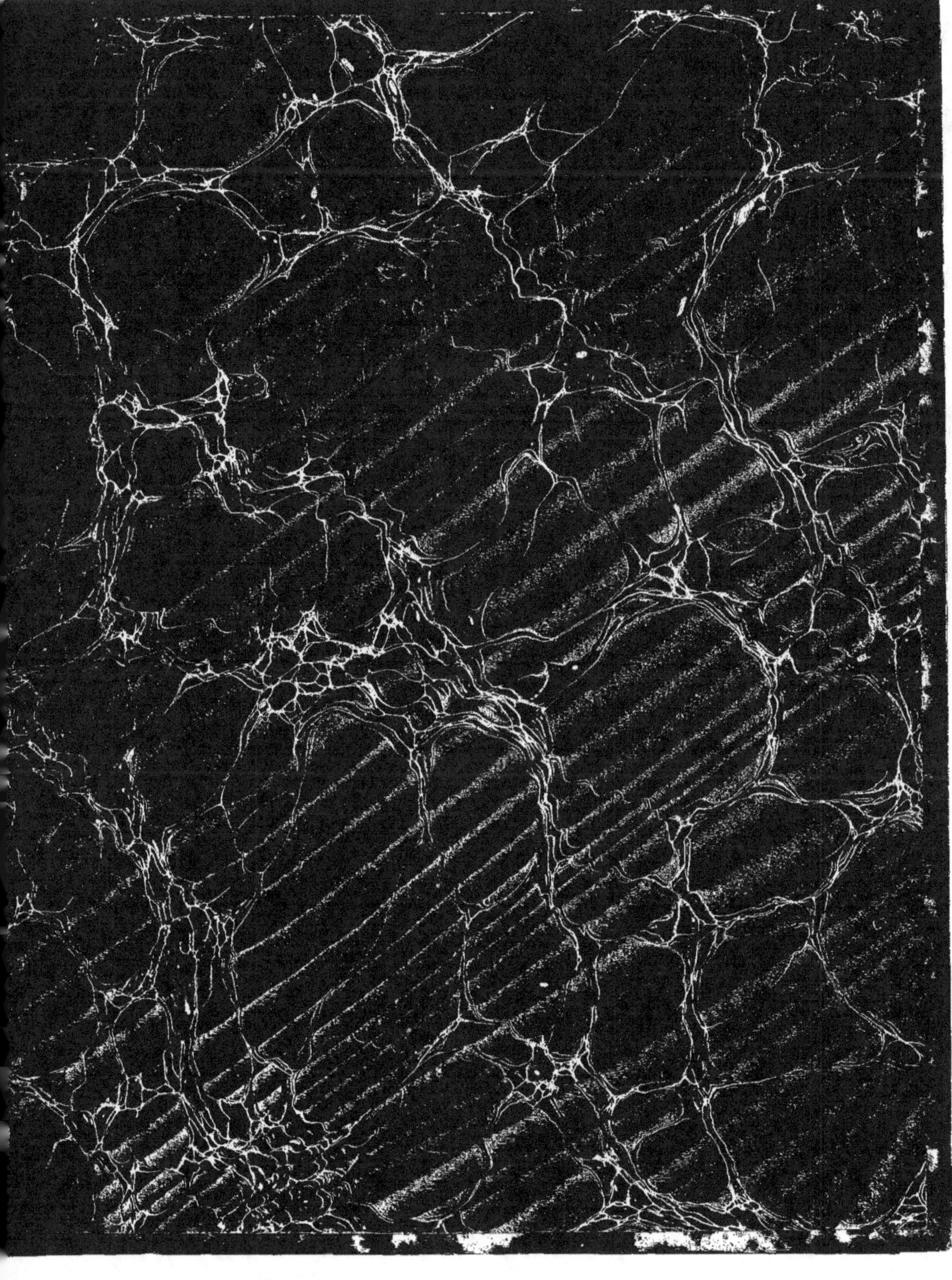

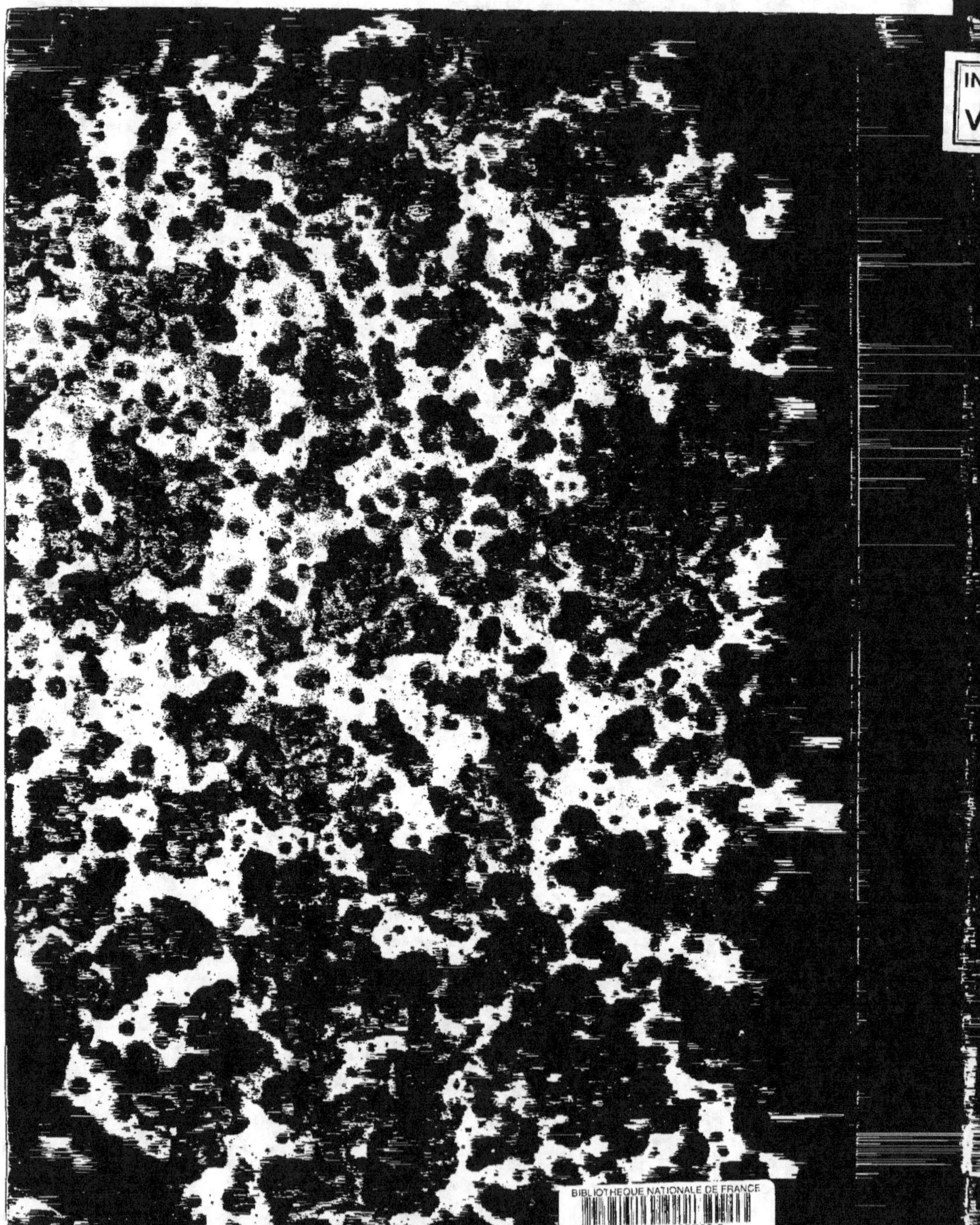